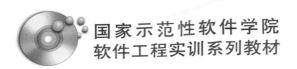

国家示范性软件学院
软件工程实训系列教材

U0240250

软件工程
实训项目案例 IV

主　编　文俊浩　曾　骏　熊庆宇　雷跃明　谭会辛　喻国良

重庆大学出版社

内容提要

重庆大学大数据与软件学院在开展项目实训过程中,游戏类及相关项目受到了学生的欢迎,积累了许多优秀的项目案例。本书通过介绍游戏开发相关技术,精选案例,完整地展示了游戏开发及实训项目的实践过程及具体内容,帮助读者掌握游戏开发技术,深入理解软件工程理论知识,从而更好地开展项目实训。本书共 7 章,第 1 章介绍了实训过程,第 2 章对游戏开发的发展历程及分类进行了简单介绍,第 3 章对游戏开发进行了概述,第 4—7 章分别介绍了"梦境""刀剑""喵之征途"以及"俄罗斯方块"4 个创新项目案例,并详细展示了项目过程中的关键文档。

本书可作为高等院校软件工程及相关本科专业的实训教学教材,也可作为游戏开发者的学习参考用书。

图书在版编目(CIP)数据

软件工程实训项目案例. Ⅳ/文俊浩等主编. -- 重庆:重庆大学出版社,2019.1
新工科系列. 软件工程类教材
ISBN 978-7-5689-1179-5

Ⅰ.①软… Ⅱ.①文… Ⅲ.①软件工程—案例 Ⅳ.①TP311.5

中国版本图书馆 CIP 数据核字(2018)第 129599 号

软件工程实训项目案例 Ⅳ

主 编 文俊浩 曾 骏 熊庆宇
雷跃明 谭会辛 喻国良
策划编辑:范 琪 何 梅
责任编辑:姜 凤   版式设计:范 琪 何 梅
责任校对:张红梅   责任印制:张 策
*
重庆大学出版社出版发行
出版人:易树平
社址:重庆市沙坪坝区大学城西路 21 号
邮编:401331
电话:(023)88617190 88617185(中小学)
传真:(023)88617186 88617166
网址:http://www.cqup.com.cn
邮箱:fxk@ cqup.com.cn(营销中心)
全国新华书店经销
重庆俊薄印务有限公司印刷
*
开本:889mm×1194mm 1/16 印张:15.5 字数:246 千
2019 年 1 月第 1 版   2019 年 1 月第 1 次印刷
ISBN 978-7-5689-1179-5 定价:39.00 元

前言

软件产业是国家战略性新兴产业之一，是国民经济和社会信息化的重要基础。近年来，国家大力支持和发展软件产业，软件产业在国民经济中起着举足轻重的作用。软件产业的发展需要大量兼具软件技术和软件工程实践经验的软件人才。因此，为了实现面向产业、面向领域培养实用的软件专业人才的目标，软件专业人才的培养需要突破传统的软件技术人才培养模式，学生除了要学习软件工程专业的基础理论和软件开发技术外，还需加强对软件工程实践能力的培养，以适应我国软件产业对人才培养的需求，实现软件人才培养的跨越式发展。

目前大多数高等院校的课堂教学中都采用传统的讲授型教学方法，以知识点为主线讲解概念、原理和技术方法，其间也会通过实例讲解来加深学生对知识点的理解，最后会围绕知识点布置作业、实验或项目。这种以教师为中心的灌输式教学模式能较好地保证知识的系统性，但是实践性不强、教学枯燥、互动性较差、学生的积极性不高，不适合培养学生的软件工程实践能力。

实验教学作为辅助教学的方式，尽管能在一定程度上加深学生对知识点的理解，但实验内容多是对课堂内容进行验证或实践,学生对运行程序、知识的理解浮于表面,这种实验方式也不能完全达到培养学生软件工程实践能力的目标。因此,在软件专业人才的培养过程中,作为对知识点课堂教学和实验教学模式的补充,有必要引入全新的软件工程实践教学模式——软件案例驱动教学模式。

重庆大学大数据与软件学院在习近平新时代中国特色社会主义思想指导下,落实"新工科"建议新要求,在软件案例驱动教学模式方面进行了大量有益的探索。重庆大学大数据与软件学院和深圳市软酷网络科技有限公司合作,在长期的软件工程实践教学过程中积累了丰富的、面向不同领域的教学软件案例,并不断研究和提炼,形成实训项目案例,可供软件工程实践教学使用。深圳市软酷网络科技有限公司多年来致力于软件案例教学,开发了实用的案例库教学管理平台,与国内多所软件学院合作开设软件案例教学方面的课程,并面向社会培训不同级别的软件开发人才,为培养实践型的软件工程人才进行了有益的尝试。重庆大学大数据与软件学院和深圳市软酷网络科技有限公司在项目实训与案例驱动教学方面经过多年的合作,取得了较好的成效,也获得了学生的高度认可,特别是在 C++项目的实践过程中,积累了较多的优秀项目案例。为配合软件案例驱动的教学,学院与公司合作编写了实训项目案例系列教程。

软件工程实训项目案例系列教程为高校的软件工程教学提供了软件案例及教学指导。其目标是促进教学与工程实践相结合,不断沉淀教学成果,完善软件工程教学方法和课程体系。

本书的案例是从游戏开发项目案例中精选出来的，具有典型性和代表性，符合CMMI过程标准和案例编写规范，易于使用和方便学习。本书可用于高等院校软件工程专业的案例教学或实践教学，支持高校应用型、工程型的人才培养。同时，也可作为软件行业或不同应用领域中的软件项目实训教材，支持软件产业的人才的继续教育和培养。

本书首先介绍了实训过程和重庆大学实训开展情况，然后从游戏开发基础以及游戏开发案例进行讲解。全书共7章，第1章介绍了实训过程，第2章对游戏的发展历程及分类进行了简单介绍，第3章对游戏开发进行了概述，第4—7章分别介绍了"梦境""刀剑""喵之征途""俄罗斯方块"4个创新项目案例，详细展示了项目过程中的关键产出物，供读者实训过程中参考和学习。

本书适合已学过或已具备软件工程基础知识的读者阅读，可作为项目实训的参考用书和游戏开发技术的学习资料，也适合具有一定开发能力的读者熟悉软件开发过程、理解软件工程知识。

因篇幅限制，本书中仅收录了4个案例，还不能完全代表项目案例的各个类别。由于编者水平有限，书中难免有疏漏之处，恳请读者批评指正。

编　者

2018年1月

目 录

第 **1** 章
实训简介

1.1 实训概述

实训教学是训练学生运用理论知识解决实际问题、提升已有技能和积累实践经验的重要过程,是学校教学工作的重要组成部分,相对于理论教学更具有直观性、综合性和实践性,在强化学生的素质教育和培养创新能力方面有着不可替代的作用。2010 年 6 月,作为中国教育部落实《国家中长期教育改革和发展规划纲要(2010—2020 年)》和《国家中长期人才发展规划纲要(2010—2020 年)》的重大改革项目的"卓越工程师教育培养计划"正式制订,此计划的目标是培养一大批创新能力强、适应经济社会发展需要的高质量各类型工程技术人才。在此背景下,工程项目实训更显示出其重要性。而对"以市场为导向,以培养具有国际竞争能力的多层次实用型软件人才为目标"的软件工程专业人才培养,实训环节更显得尤为重要。

重庆大学大数据与软件学院软酷工程实践,是由重庆大学大数据与软件学院和武汉市软酷网络科技有限公司联合实施,在校园里共建工程实践基地,采用国际化软件开发方式和企业化管理模式,由武汉市软酷网络科技有限公司负责管理项目的研发过程,让学生体验企业软件项目开发的全过程,加强理论知识的综合运用,锻炼学生的实践能力,提升软件工程素养。

软酷工程实践,将软件研发的专业课程结合到项目实践的过程中,以实际软件开发项目和企业规范的软件开发过程为主线,以项目开发和交付为目标,以技术方向和研究兴趣为导向,让学员参与到实际的软件项目开发中来,加深对需求分析、架构设计、编码测试、项目管理等方面知识的运用,巩固软件工程课程群的理论知识并应用于实践,增强学生对理论知识的理解和实践动手能力,提高技术水平和创新能力,并积累一定的实际项目开发和项目管理经验,最终帮助学生达到重庆大学大数据与软件学院的人才培养目标。

软酷工程实践,采用以学生实际开发体验为主、企业导师重点讲授并全程指导为辅的 CDIO(做中学、学中做)形式,使不同知识结构、不同软件开发动手实践能力、不同职业发展目标的学生,都能按照自己的基础和职业规划目标,在适合自己的软件工程角色中,获得学习、体验、实践、提高的机会,实现与企业人才需求的无缝对接。

1.2　实训过程

软酷工程实践按照 CMMI 3 建立项目软件过程,让学员能在规范的项目过程下开展实训,并熟悉项目研发生命周期,如图 1.1 所示。

在项目开发小组中,一般不固定区分需求分析、系统设计、程序编码、测试、配置管理等角色,采用轮流和交叉的方式,让学员都有机会担任这些角色,获得多种角色的开发经验。

①项目经理:负责项目的组织实施,制订项目计划,并进行跟踪管理。

②开发人员:对项目经理及项目负责。

③需求分析员:负责系统的需求获取和分析,并协助设计人员进行系统设计。

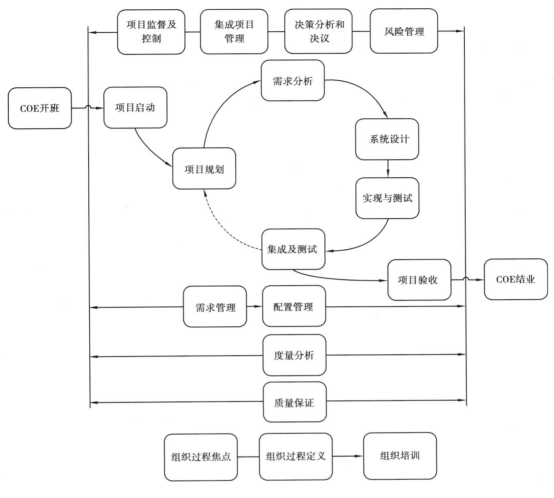

图 1.1　项目软件过程

④系统设计、架构设计：负责系统设计工作，并指导程序员进行系统的开发工作。

⑤程序员：一般模块的详细设计、编码测试，并交叉进行模块的白盒测试。

⑥数据库管理员：负责数据库的建立和数据库的维护工作。

⑦测试人员：进行项目各阶段的测试工作，包括模块测试（白盒测试）、系统需求测试、集成测试、系统测试等工作（对用户需求负责）。

⑧配置管理员：负责项目的配置管理。

⑨质量保证人员：由独立的小组进行。

1.2.1 需求分析及原型设计

项目需求分析是一个项目的开端,也是项目建设的基石。在以往建设失败的项目中,80%是需求分析的不明确造成的。因此,对用户需求的把握程度,是项目成功的关键因素之一。

需求是指明必须实现什么的规格说明。它描述了系统的行为、特性和属性,是在开发过程中对系统的约束。需求包括业务需求(反映了组织机构或客户对系统、项目高层次的目标要求)、用户需求(描述了用户使用项目必须要完成的任务)、功能需求(定义开发人员必须实现的软件功能,使用户利用系统能够完成他们的任务,从而满足业务需求)、非功能性需求(描述系统展现给用户的行为和执行的操作等,它包括项目必须遵从的标准、规范和约束,操作界面的具体细节和构造上的限制)。

需求分析阶段分为获取需求、分析需求、编写需求文档3个步骤。

(1)获取需求

①了解项目所有用户类型及潜在类型。然后,根据用户的要求来确定系统的整体目标和系统的工作范围。

②将需求细分为功能需求、非功能需求(如响应时间、平均无故障工作时间、自动恢复时间等)、环境限制、设计约束等类型。

③确认需求获取的结果是否真实地反映了用户的意图。

(2)分析需求

①以图形表示的方式描述系统的整体结构,包括系统的边界与接口。

②通过原型、页面流或其他方式向用户提供可视化界面,用户可对需求作出自己的评价。

③系统可行性分析,包括需求实现的技术可行性、环境分析、费用分析、时间分析等。

④以模型描述系统的功能项、数据实体、外部实体、实体之间的关系、实体之

间的状态转换等方面的内容。

（3）编写需求文档

①使用自然语言或形式化语言来描述。

②添加图形的表述方式和模型的表征方式。

③需求包括用户的所有需求（功能性需求和非功能性需求）。

在通常情形下，分析需求是与获取需求并行的，主要通过建立模型的方式来描述需求，为客户、用户、开发方等不同参与方提供一个交流的渠道。这些模型是对需求的抽象，以可视化的方式提供一个易于沟通的桥梁。

用于需求建模的方法有很多种，常用的有用例图（Use Case）、实体关系图（ERD）和数据流图（DFD）3 种方式。在面向对象分析的方法中通常使用 Use Case 来获取软件的需求。Use Case 通过描述"系统"和"活动者"之间的交互来描述系统的行为。通过分解系统目标，Use Case 描述活动者为了实现这些目标而执行的所有步骤。Use Case 方法最主要的优点在于它是用户导向的，用户可根据自己所对应的 Use Case 来不断细化自己的需求。此外，使用 Use Case 还可以方便地得到系统功能的测试用例。ERD 用于描述系统实体间的对应关系，在需求分析阶段使用 ERD 描述系统中实体的逻辑关系，在设计阶段则使用 ERD 描述物理表之间的关系。ERD 只关注系统中数据间的关系，而缺乏对系统功能的描述。DFD 作为结构化系统分析与设计的主要方法，尤其适用于 MIS 系统的表述。DFD 使用 4 种基本元素来描述系统的行为、过程、实体、数据流和数据存储。DFD 直观易懂，使用者可以方便地得到系统的逻辑模型和物理模型，但是从 DFD 中无法判断活动的时序关系。

在需求分析阶段通常使用原型分析方法来帮助开发方进一步获取用户需求或让用户确认需求。开发方往往先向用户提供一个可视界面作为原型，并在界面上布置必要的元素以演示用户所需要的功能。开发方可以使用 Dreamware 等网页制作工具、HTML 语言、Axure RP 等原型开发工具快速形成用户界面，生成用户可视的页面流。原型的目的是获取需求。有时也使用原型的方式来验证关键技术或技术难点。对于技术原型，界面则往往被忽略掉。

对 Android 项目而言，原型设计的重要性更为突出。甚至可以说，界面（美

5

观 + 易用性）是移动应用的灵魂。

原型设计,绝不只是画几个界面,其设计思路应遵循用户导向 + 简易操作原则:

①要形成对人们希望的项目使用方式,以及人们为什么想用这种项目等问题的见解。

②尊重用户知识水平、文化背景和生活习惯。

③通过界面设计,让用户明白功能操作,并将作品本身的信息更加顺畅地传递给使用者。

④通过界面给用户传递一种情感,使用户在接触作品时产生感情共鸣。

⑤展望未来,要看到项目可能的样子,它们并不必然就像当前这样。

在需求分析和原型设计阶段,离不开各种各样功能强大的工具。常用需求分析和原型设计工具包括 Axure RP,StarUML,Visio,FreeMind 思维导图软件。

①Axure RP。Axure RP 能帮助网站需求设计者,快捷而简便地创建基于目录组织的原型文档、功能说明、交互界面以及带注释的 Wireframe 网页,并可自动生成用于演示的网页文件和 Word 文档,以提供演示与开发。

Axure RP 的特点是快速创建带注释的 Wireframe 文件,并可根据所设置的时间周期、软件自动保存文档,确保文件安全。在不写任何一条 html 与 JavaScript 语句的情况下,通过创建的文档以及相关条件和注释,一键生成 html prototype 演示。根据设计稿,一键生成一致而专业的 Word 版本的原型设计文档。

②StarUML。可绘制 9 款 UML 图:用例图、类图、序列图、状态图、活动图、通信图、模块图、部署图以及复合结构图。

完全免费:StarUML 是一套开放源代码的软件,不仅免费下载,而且代码都免费开放。

多种格式影像文件:可导出 JPG,JPEG,BMP,EMF 和 WMF 等格式的影像文件。

语法检验:StarUML 遵守 UML 的语法规则,不支持违反语法的动作。

正反向工程:StarUML 可根据类图的内容生成 Java,C + + ,C#代码,也能够读取 Java,C + + ,C#代码反向生成类图。

③Visio。Visio 可以建立流程图、组织图、时间表、营销图和其他更多图表,把

特定的图表加入文件,让商业沟通变得更加清晰,令演示更加有趣。

④FreeMind 思维导图软件。FreeMind 是一款实用的开源思维导图/心智
(Mind Map)软件。它可作为管理项目(包括子任务的管理、子任务的状态、时间
记录、资源链接管理)、笔记或知识库、文章写作或者头脑风暴、结构化的存储小
型数据库、绘制思维导图、整理软件流程思路。

在需求分析阶段,有以下几点注意事项:

- 需求分析阶段关注的目标是"做什么",而不是"怎么做"。
- 识别隐含需求(有可能是实现显式需求的前提条件)。
- 需求符合系统的整体目标。
- 保证需求项之间的一致性,解决需求项之间可能存在的冲突。

1.2.2　需求及原型评审

需求文档完成后,需要经过正式评审,以便作为下一阶段工作的基础。评审
的目的是在缺陷泄漏到开发的下一阶段之前将其探查和标识出来,这有助于在问
题扩大化、变得复杂难以处理之前将其纠正。需求评审通过对需求规格说明书进
行技术评审来减少缺陷和提高质量。需求评审可通过以下两种方式进行,即用户
评审和同行评审。用户和开发方对软件项目内容的描述,是以需求规格说明书作
为基础的;用户验收的标准则是依据需求规格说明书中的内容来制订,所以评审
需求文档时用户的意见是第一位的。而同行评审的目的,是在软件项目初期发现
那些潜在的缺陷或错误,避免这些错误和缺陷遗漏到项目的后续阶段。

评审(不仅限于需求评审,也包括设计和其他类型的评审)的基本目的:

- 在开发的较早阶段将缺陷探查出来。
- 验证工作项目符合预先设定的准则。
- 提供项目和评审过程的相关数据,包括对评审中能发现的缺陷数的预测
能力。

评审(不仅限于需求评审,也包括设计和其他类型的评审)须遵循以下基本
原则:

- 评审是一个结构化的正式过程,有系统化的一系列检查单来帮助工作,并

且参与者分别有不同的角色。

- 评审人员事先要经过准备工作,并在小组评审进行之前要明确他们自己工作的重点和个人已经发现的问题。
- 评审的工作重点是发现问题,而不是解决问题。

技术人员进行小组评审,项目负责人通常不参与软件工作项目的小组评审,但对评审结果要了解。但是对于项目管理文档,有经验的项目负责人要参与小组评审。

小组评审数据要记录下来,以供监控小组评审过程是否有效。

需求评审的重点包括以下基本问题是否得到解决?

- 功能:本软件有什么用途?
- 外部接口:此软件如何与人员、系统硬件、其他硬件及其他软件进行交互?
- 性能:不同软件功能都有什么样的速度、可用性、响应时间、恢复时间等?
- 属性:在正确性、可维护性、安全性等方面都有哪些事项要考虑?
- 是否指定了在需求规格说明书范围之外的任何需求?
- 不应说明任何设计或实施细节。
- 不应对软件附加更多约束。
- 需求规格说明书是否合理地限制了有效设计的范围而不指定任何特定的设计?
- 需求规格说明书是否显示以下特征?

(1)**正确性**

需求规格说明书规定的所有需求是否都是软件应该满足的?

(2)**明确性**

①每个需求是否都有一种且只有一种解释?
②是否已使用客户的语言?
③是否已使用图来补充自然语言说明?

（3）完全性

①需求规格说明书是否包括所有的重要需求（无论其与功能、性能设计约束、属性有关还是与外部接口有关）？

②是否已确定并指出所有可能情况的输入值的预期范围？

③响应是否已同时包括在有效输入值和无效输入值中？

④所有的图、表和图表是否都包括所有评测术语和评测单元的完整标注、引用和定义？

⑤是否已解决或处理所有的未确定因素？

（4）一致性

①此需求规格说明书是否与前景文档、用例模型和补充规约相一致？

②它是否与更高层的规约相一致？

③它是否保持内部一致，其中说明的个别需求的任何部分都不发生冲突？

（5）排列需求的能力

①每个需求是否都已通过标识符来标注，以表明该特定需求的重要性或稳定性？

②是否已标识出正确确定优先级的其他重要属性？

（6）可核实性

①在需求规格说明书中说明的所有需求是否可被核实？

②是否存在一定数量可节省成本的流程，可供人员或机器用来检查软件项目是否满足需求？

（7）可修改性

①需求规格说明书的结构和样式是否允许在保留结构和样式不变的情况下，方便对需求进行全面而统一的更改？

②是否确定和最大限度地减少了冗余，并对其进行交叉引用？

（8）可追踪性

①每个需求是否都有明确的标识符？

②每个需求的来源是否确定？

③是否通过显式引用早期的工件来维护向后可追踪性？

④需求规格说明书产生的工件是否具有相当大的向前可追踪性？

1.2.3　概要设计及数据库详细设计

系统设计是在软件需求与编码之间架起一座桥梁，重点解决系统结构和需求向实现平稳过渡的问题。系统设计的主要任务是把需求分析得到的 DFD 转换为软件结构和数据结构，它包括计算机配置设计、系统模块结构设计、数据库和文件设计、代码设计以及系统可靠性与内部控制设计等内容。设计软件结构的具体任务是将一个复杂系统按功能进行模块划分、建立模块的层次结构及调用关系、确定模块间的接口及人机界面等。数据结构设计包括数据特征的描述、确定数据的结构特性以及数据库的设计。

一个完整的系统设计应包含以下内容：

①任务：目标、环境、需求、局限。

②总体设计：处理流程、总体结构与模块、功能与模块的关系。

③接口设计：总体说明外部用户，软、硬件接口；内部模块间接口。

④数据结构：逻辑结构、物理结构与程序结构的关系。

⑤模块设计：每个模块"做什么"，简要说明"怎么做"（输入、输出、处理逻辑、与其他模块的接口、与其他系统或硬件的接口），处在什么逻辑位置或物理位置。

①运行设计：运行模块的组合、控制、时间。

②出错设计：出错信息、出错处理。

③其他设计：安全性设计、可维护性设计、可扩展性设计。

详细阅读需求规格说明书，理解系统建设目标、业务现状、现有系统、客户需求的各功能说明是进行系统设计的前提。常规上，系统设计方法可分为结构化软件设计方法和面向对象软件设计方法。在此,重点介绍面向对象软件设计方法（OO 软件设计方法）。

第一步是抽取建立领域的概念模型,在 UML 中表现为建立对象类图、活动图和交互图。对象类就是从对象中经过"查同"找出某组对象之间的共同特征而形成类:

①对象与类的属性:数据结构。

②对象与类的服务操作:操作的实现算法。

③对象与类的各外部联系的实现结构。

④设计策略:充分利用现有的类。

⑤方法:继承、复用、演化。

活动图用于定义工作流,主要说明工作流的 5 W（Do What,Who Do,When Do,Where Do,Why Do）等问题,交互图把人员和业务联系在一起是为了理解交互过程,发现业务工作流中相互交互的各种角色。

第二步是构建完善系统结构:对系统进行分解,将大系统分解为若干子系统,子系统分解为若干软件组件并说明子系统之间的静态和动态接口,每个子系统可由用例模型、分析模型、设计模型、测试模型表示。软件系统结构的两种方式:层次和块状。

层次结构:系统、子系统、模块、组件（同一层之间具有独立性）。

块状结构:相互之间弱耦合。

系统的组成部分:问题论域（业务相关类和对象）、人机界面（窗口、菜单、按钮、命令等）、数据管理（数据管理方法、逻辑物理结构、操作对象类）、任务管理（任务协调和管理进程）。

第三步是利用"4 + 1"视图描述系统架构:用例视图及剧本;说明体系结构的设计视图;以模块形式组成包和层,包含概要实现模型的实现视图;说明进程与线程及其架构、分配和相互交互关系的过程视图;说明系统在操作平台上的物理节点和其上任务分配的配置视图。在 RUP 中还有可选的数据视图。

第四步是性能优化（速度、资源、内存）、模型清晰化、简单化。

数据库设计是系统设计中的重要环节,对信息系统而言,数据库设计的好坏直接决定了系统的好坏。数据库设计又称数据库建模,指对一个给定的应用环境,构造最优的数据库模式,建立数据库及其应用系统,使之能够有效地存储数据,满足各种用户的应用需求(信息要求和处理要求);它主要包括确定最基本的数据结构和对约束建模两部分内容。

(1)建立概念模型

根据应用的需求,画出能反映每个应用需求的 E-R 图,其中包括确定实体、属性和联系的类型。然后优化初始的 E-R 图,消除冗余和可能存在的矛盾。概念模型是对用户需求的客观反映,并不涉及具体的计算机软、硬件环境。因此,在这一阶段中必须将注意力集中在怎样表达出用户对信息的需求,而不考虑具体实现问题。

(2)建立数据模型

将 E-R 图转换成关系数据模型,实际上就是要将实体、实体的属性和实体之间的联系转换为关系模式。

(3)实施与维护数据库

完成数据模型的建立后,对字段进行命名,确定字段的类型和宽度,并利用数据库管理系统或数据库语言创建数据库结构、输入数据和运行等。

数据库设计应遵循以下原则:

- 标准化和规范化(如遵循 3NF)。
- 数据驱动(采用数据驱动而非硬编码的方式)。
- 考虑各种变化(考虑哪些数据字段将来可能会发生变更)。

设计阶段常用工具包括:

①Rational Rose。太过庞大,其优势可能在于强大的功能,包括代码生成。它能直观地表现出需求分析和功能设计阶段的思路。

②EA(Enterprise Architect)。小巧、界面美观、操作方便是它的优点,功能上含了大部分设计上能够用的功能,是一款很不错的设计软件。缺点是代码生成功能,有了设计图之后,再按照设计图重构代码是一件挺头痛的事情。

③PowerDesigner。不可否认它是一款数据库设计必不可少的功能齐全的设计

软件。PowerDesigner 是 Sybase 公司的 CASE 工具集,使用它可以方便地对管理信息系统进行分析设计,几乎涵盖了数据库模型设计的全过程。利用 PowerDesigner可以制作数据流程图、概念数据模型、物理数据模型,可生成多种客户端开发工具的应用程序,还可为数据仓库制作结构模型,也能对团队设备模型进行控制。

1.2.4　设计评审

设计文档完成后,需要经过正式评审,以便作为下一阶段工作的基础。评审的目的是在缺陷泄漏到开发的下一阶段之前将其探查和标识出来,这有助于在问题扩大化、变得复杂难以处理之前将其纠正。设计评审通过对系统设计说明书进行技术评审来减少缺陷和提高质量。设计评审通常采用同行评审,目的是在软件项目初期发现那些潜在的缺陷或错误,避免这些错误和缺陷遗漏到项目的后续阶段。

系统设计评审的重点包括:
- 系统设计是否正确描述了预期的系统行为和特征。
- 系统设计是否完全反映了需求。
- 系统设计是否完整。
- 系统设计是否为继续进行构造和测试提供了足够的基础。

数据库设计评审的重点包括:
- 满足需求。
- 整体结构。
- 命名规范。
- 存储过程。
- 注释。
- 性能。
- 可移植性。
- 安全性。

1.2.5 编码

根据开发语言、开发模型、开发框架的不同,编码规范细则不尽相同,甚至不同软件公司也有着各自不同等级、不同层次要求的编码规范;但是各式各样的编码规范之间,存在差异的通常是执行细节,在总体标准上仍然是统一的。

执行编码规范的目的是提升代码的可读性和可维护性,减少出错概率。

标准意义上的编码规范应包含以下几个方面:

- 排版。
- 注释。
- 标识符命名。
- 变量与结构。
- 函数与过程。
- 程序效率。
- 质量保证。
- 代码编辑、编译、审查。

1.2.6 测试

软件测试是在将软件交付给客户之前所必须完成的重要步骤,是目前用来验证软件是否能够完成所期望的功能的唯一有效方法。软件测试的目的是验证软件是否满足软件开发合同或项目开发计划、系统/子系统设计文档、SRS、软件设计说明和软件项目说明等规定的软件质量要求。软件测试是一种以受控的方式执行被测试的软件,以验证或证明被测试的软件的行为或者功能符合设计该软件的目的或者说明规范。所谓受控的方式应该包括正常条件和非正常条件,即人为地促使错误的发生,也就是事情在不该出现时出现或者在应该出现时没有出现。

测试工作的起点,是从需求阶段开始的。在需求阶段,就需要明确测试范围、测试内容、测试策略和测试通过准则,并根据项目周期和项目计划制订测试计划。测试计划完成后,根据测试策略和测试内容进行测试用例的设计,以便系统实现后进行全面测试。

测试用例设计的原则有基于测试需求的原则、基于测试方法的原则、兼顾测试充分性和效率的原则、测试执行可再现性的原则；每个测试用例应包括名称和标识、测试追踪、用例说明、测试的初始化要求、测试的输入、期望的测试结果、评价测试结果的准则、操作过程、前提和约束、测试终止条件。

在开发人员将所开发的程序提交测试人员后，由测试人员组织测试，项目内部测试一般可分为以下 3 个阶段。

（1）单元测试

单元测试集中在检查软件设计的最小单位——模块上，通过测试发现，实现该模块的实际功能与定义该模块的功能说明不符合的情况，以及编码的错误。由于模块规模小、功能单一、逻辑简单，测试人员有可能通过模块说明书和源程序清楚地了解该模块的 I/O 条件和模块的逻辑结构，采用结构测试（白盒法）的用例，尽可能地达到彻底测试，然后辅之以功能测试（黑盒法）的用例，使之对任何合理和不合理的输入都能鉴别和响应。高可靠性的模块是组成可靠系统的坚实基础。

（2）集成测试

集成测试是将模块按照设计要求组装起来同时进行测试，主要目标是发现与接口有关的问题。如数据穿过接口时可能丢失；一个模块与另一个模块可能有由于疏忽问题而造成的有害影响；把子功能组合起来可能不产生预期的主功能；个别看起来是可以接受的误差可能积累到不能接受的程度；全程数据结构可能有错误等。

（3）系统测试

系统测试的目标是验证软件的功能和性能是否与需求规格说明书一致。

在测试整体完成后，测试负责人对项目的测试活动进行总结，编写测试报告，回顾项目过程中的测试活动，统计测试汇总数据，分析项目质量指标，评定项目质量等级。

经过上述测试过程对软件进行测试后，软件基本满足开发的要求，测试宣告结束,经验收后,完成项目交付。

随着项目规模的日益增大,借助测试工具,实现软件测试自动化和测试管理流程化是进入软件工程阶段后,测试技术发展的必由之路。常见的测试工具包含以下几种:

企业级自动化测试工具 WinRunner:WinRunner 是一种企业级的功能测试工具,用于检测应用程序是否能够达到预期的功能及正常运行。通过自动录制、检测和回放用户的应用操作,WinRunner 能够有效地帮助测试人员对复杂的企业级应用的不同发布版进行测试,提高测试人员的工作效率和质量,确保跨平台的、复杂的企业级应用无故障发布及长期稳定运行。

工业标准级负载测试工具 LoadRunner:LoadRunner 是一种预测系统行为和性能的负载测试工具。通过以模拟上千万用户实施并发负载及实时性能监测的方式来确认和查找问题,LoadRunner 能够对整个项目架构进行测试。通过使用 LoadRunner,能最大限度地缩短测试时间、优化性能和加速应用系统的发布周期。

测试管理系统 TestDirector:TestDirector 是业界第一个基于 Web 的测试管理系统。通过在一个整体的应用系统中集成了测试管理的各个部分,包括需求管理、测试计划、测试执行以及错误跟踪等功能。TestDirector 极大地加速了测试过程。

功能测试工具 IBM Rational Robot:IBM Rational Robot 是业界最顶尖的功能测试工具。它集成在测试人员的桌面 IBM Rational TestManager 上,在这里测试人员可以计划、组织、执行、管理和报告所有测试活动,包括手动测试报告。这种测试和管理的双重功能是自动化测试的理想开始。

单元测试工具 xUnit 系列:目前最流行的单元测试工具是 xUnit 系列框架。根据语言的不同可分为 JUnit(Java),CppUnit(C ++),DUnit(Delphi),NUnit(. NET),PHPUnit(PHP)等。

1.2.7 评审交付

项目顺利通过验收是项目完成交付的标志。项目验收应根据软件开发方在整个软件开发过程中的表现,并根据《需求规格说明书》制订验收标准,提交给验收委员会。由验收委员会、软件监督、软件开发方参加的项目验收会,软件开发方以项目汇报、现场应用演示等方式汇报项目完成情况,验收委员会根据验收标准对项目进行评审,形成最终验收意见。

1.2.8　实训总结与汇报

软酷工程实践以 CMMI 项目研发流程为基础,采用项目驱动的方式,通过典型项目案例的开发,有机贯穿软件工程课程群的有关内容,最终按流程规范完成项目交付,获得实际项目研发的锻炼,同时培养技术研究、创新的能力,提高学员对软件工程相关行业的实质性理解,真实地让学生面对并处理各自项目开发过程中潜在的风险,让每位学员从整体上提高软件工程的综合素质,增强就业竞争力。

在软酷工程实践过程中,学员参与开发并完成一个真实项目,接触项目开发、测试、分析、设计和管理工具,感受 CMMI 软件开发流程和规范,对学生的编码能力、创新能力、团队协作能力、界面设计能力、学习和问题解决能力进行全方位的培养和锻炼。学生通过体验自己的创新创造之美,最终达到了解软件开发流程,应用一门编程语言,接触一种编程框架,提升软件开发的整体素质,培养成工程型、复合型软件人才,增强就业竞争力的实训目标。

第**2**章
游戏介绍

2.1　游戏简介

游戏是以直接获得快感为主要目的,且必须有主体参与互动的活动。

这个定义说明了游戏的两个最基本的特性:

①以直接获得快感(包括生理和心理的愉悦)为主要目的。

②主体参与互动。主体参与互动是指主体动作、语言、表情等变化与获得快感的刺激方式及刺激程度有直接联系。

而电子游戏同样是游戏的一种,例如一部分电子游戏程序,没有在游戏机中模拟之前,本身就是一种游戏,如体育类游戏、赛车类游戏和益智类游戏。像是足球、篮球或是其他什么球,还有赛车,抛去电子游戏成分,再暂时把现代体育精神放到一边,不就是一种游戏吗?电子游戏程序只不过起到了在保留其规则的前提下,用电子方式模拟了一遍的作用。

把这些游戏规则模拟到了电子游戏程序中后,除了保留人与人的竞争外,电子游戏程序的设计者们还为喜欢单玩的人们设计了单人游戏,也就是与计算机本身的竞争。于是 AI 的概念就诞生了,所谓 AI 是 Artificial Intelligence 的缩写,即人工智能,用电子程序来模拟类似于人的一系列思考与判断。它经常被用在各类电子游戏程序中,但计算机毕竟是计算机,它所能做的,仅仅是"判断:如果……后,然后采用……措施;如果……不成立,则采用……措施"。这些在程序编程中也就是 If 与 Else 的简单组合。

　　游戏的世界既可以是真实的历史或现代世界的再现,当然也可以是幻想中的从来不存在的一个空间。无论是唐风古韵的历史世界,还是魔法与剑的欧洲中世纪世界,或是腥风血雨的武林江湖,又还是带有中国色彩的天宫地府,又或是外太空空间的一个星球。可以这样说,只要能够想象到的,都可以作为游戏世界的一个元素。

　　时间、空间都可以虚拟和重建,幻想、现实之间也可以在游戏中平和地统一起来,这正是游戏世界的魅力所在。

2.2　游戏的发展历程

游戏的发展经历了以下几个阶段:

(1)混乱时代(1978—1990 年)

1978 年,世界上第一款 PC 端 CRPG(Computer Role-Playing Game)游戏——《冒险岛》在美国问世。

　　1981 年,《巫术》出现在苹果 II 型电脑上。《巫术》特殊意义在于它是第一个有着完整系统的大型电脑角色扮演游戏。玩这个游戏需要玩家有一定的想象力,所以请随手准备纸笔来记录你的冒险历程。它开启了一个通过电脑来实现你冒险愿望的时代,和《魔法门》系列、《创世纪》系列并列为 PC 平台上的三大角色扮演游戏(RPG),对后世产生了深远的影响。

　　1988 年,第二版《龙与地下城》游戏开始发行。所以基于这套体系的游戏在接下来的很多年中都占据了 PC 平台 RPG 游戏的主流。这一年,世界上第一个基于高级《龙与地下城》系统的电脑角色扮演游戏诞生了,它就是《光辉之池》。

　　1989 年,《模拟城市》初代登场。

(2)成熟年华(1990—2000 年)

1990 年,《文明》系列第一作诞生。很多玩家认为这才是即时策略游戏真正的元祖,很多西方的大学把这个系列作品当作教材来指导学生学习。

1993 年,Westwood Studios 的《沙丘Ⅱ》上市,开创了一个指挥千军万马作战的时代。

1995 年 5 月 11—13 日,在洛杉矶会展中心举办了第一届 E3 大展。

1995 年 7 月,《仙剑奇侠传》登场。

1996 年,《雷神之锤》推出,这是一款真正意义上的 3D 游戏。

1996 年圣诞,《古墓丽影》一代发行。这是 PC 平台上第一款融合了解谜和动作的真三维交互式的冒险游戏。

1997 年,《暗黑破坏神》发表。这款游戏吹响了 RPG 进化的号角。

1997 年,《创世纪在线》上线运营。正式将图形网络多人 RPG 带入玩家的视野中,不用再面对着文字来联想自己所遇到了什么情况。"交流"作为网络游戏最大的乐趣在游戏中得到了充分的体现。

1997 年 10 月,《异尘余生》隆重登场,是 1997 年度"最佳角色扮演类游戏奖"获得者,代表 Interplay 辉煌的开始,开创了一个 RPG 游戏复兴时代的到来。

1998 年 4 月 1 日,《星际争霸》在美国发售。《星际争霸》对游戏历史的另一个贡献就是让电子竞技成为一项众人参与的活动和一个流行的字眼。

1998 年 6 月,《盟军敢死队:深入敌后》发行。《盟军敢死队:深入敌后》打着"即时战术游戏"的旗号,一改以往动作游戏大开杀戒的游戏方式,偷偷摸摸地完成任务才是王道。

1999 年 6 月 19 日,Counter-Strike Beta 1.0 版发布。这个可以把双方简称为"警"和"匪"的游戏在全世界刮起了反恐的旋风。

(3)新的世纪(2000 年以后)

2001 年,首届 World Cyber Games 开赛。电子竞技发展到了 21 世纪,似乎已经不再是那么简简单单的玩乐了,融入了更多商业和竞争的气息,很有 F1 和四大满贯的感觉,被称为"游戏界的奥林匹克"的本项赛事在成功推出后马上让全世界的玩家找到了展示自己的舞台。

游戏,这个人类从远古时代就开始的活动直到现在仍然占据了我们很多生活空间,而且还会在我们的世界里占据越来越重要的地位。我们回顾了电脑游戏的历史,是为了看清电脑游戏的发展趋势,未来的游戏一定能给我们带来更多的快乐!

2.3　游戏的分类

游戏可分为动作游戏、角色扮演游戏、策略游戏、模拟游戏、冒险游戏等。

(1)动作游戏(表2.1)

表 2.1　动作游戏

动作游戏	基本(传统分类)	平台动作	
		卷轴动作	
	按游戏方式	射击游戏: ——第一人称射击游戏; ——第三人称射击游戏; ——俯视、卷轴与其他人称射击游戏	
		格斗游戏: ——2D格斗游戏; ——3D格斗游戏; ——2.5D格斗游戏	
		动作冒险游戏	与冒险游戏结合
		动作角色扮演游戏	与角色扮演游戏结合
		模拟动作游戏: ——模拟射击游戏; ——模拟格斗游戏	与模拟游戏结合
	按主题	射击场游戏	与模拟游戏结合
	按内容	战争游戏	
		体育游戏	在过去,体育游戏是动作游戏的分支分类

（2）角色扮演游戏（表2.2）

表2.2　角色扮演游戏

角色扮演游戏	按载体	桌面角色扮演游戏	
		电子平台角色扮演游戏	
		实演角色扮演游戏	
	按游戏方式	动作角色扮演游戏	与动作游戏结合
		模拟角色扮演游戏	与模拟游戏结合

（3）策略游戏（表2.3）

表2.3　策略游戏

策略游戏	按规模	战略游戏	
		战术游戏	
	基本（传统分类）	回合制战略游戏	
		回合制战术游戏	
		即时战略游戏	
		即时战术游戏	
	按主题	战争游戏	
		战术射击游戏	与射击游戏结合
		抽象策略游戏	
		解谜游戏	
	按游戏方式	策略角色扮演游戏	和角色扮演游戏结合
		策略冒险游戏	和冒险游戏结合
		角色扮演模拟游戏	
		益智游戏	

（4）模拟游戏（表2.4）

表2.4 模拟游戏

模拟游戏	按游戏方式	角色扮演模拟游戏	与角色扮演游戏结合。注意，模拟角色扮演游戏简称为RPSG，是一种较为严肃的角色扮演游戏。若你在寻找SRPG——一种在日本十分流行（通常为战旗类）的策略角色扮演游戏，应称为TRPG
		策略模拟游戏： ——策略角色扮演游戏（SRPG）	即策略游戏
		动作模拟游戏： ——模拟射击游戏 ——模拟格斗游戏	
	按主题	模拟经营游戏	
		模拟养成游戏	
		普通模拟游戏	
		模拟沙盘游戏	
模拟游戏	按内容	战争游戏	
		飞行模拟游戏—客机模拟游戏—战斗机模拟游戏	根据不同的飞机种类演变而成
		载具模拟—车辆模拟游戏—赛车—普通—舰船模拟—民船—军舰	
		列车模拟游戏	
		城市建造游戏	
		商业模拟游戏	
		恋爱模拟游戏	以恋爱为主题的模拟游戏
		模拟软件	
		射击场游戏	
	其他	战术射击游戏	
		上帝模拟游戏	

（5）**冒险游戏**（表2.5）

表2.5　冒险游戏

冒险游戏	基本（传统分类）	文字冒险游戏	
		图像冒险游戏	
	按游戏方式	动作冒险游戏 ——隐蔽类动作冒险	与动作游戏相结合
		文字冒险游戏	对传统的文字冒险游戏和图像冒险游戏的总括
		视觉小说	
		角色扮演冒险游戏	与角色扮演游戏结合
		沙盘冒险游戏	与沙盘游戏结合
	按主题	解谜冒险游戏	
		恋爱冒险游戏	属于美少女游戏、恋爱游戏和冒险游戏的共同分支。美少女＋冒险、恋爱元素＋加冒险＝恋爱冒险游戏
		恋爱游戏	包括恋爱冒险游戏和恋爱模拟游戏
		美少女恋爱游戏	属于美少女游戏的分支，是框定了恋爱游戏对象性别的恋爱游戏。但是并没有规定是恋爱模拟还是恋爱冒险

第**3**章
游戏开发

3.1 游戏开发概述

游戏开发从游戏运行的平台一般主要分为 PC 端游戏开发和移动端游戏开发,开发过程遵循的一般流程为项目立项、需求的分析、模型的建立、战斗模式的设计、服务器设计、数据库设计以及客户端和服务端的连接调试等步骤。

3.2 项目立项

正式立项通常意味着几个步骤已经完成:一是核心人员到齐基本工作筹备完成;二是项目计划(游戏设计、商业方案、时间、预算等)完成。所以项目的立项在游戏开发中有着很重要的地位。游戏项目相较于其他软件项目在立项方面具有很大的不同,在游戏项目的立项中,主要需要将游戏项目的美术风格、目标用户、

游戏特点、游戏类型、游戏玩法等进行确定,具体的游戏项目的立项报告目录结构如下:

- 游戏概述(简要介绍游戏的业务流程)。
- 游戏背景(比如是西方玄幻背景还是东方仙侠背景)。
- 战斗模式。
- 游戏玩法(较详细的分步叙述玩家的操作过程)。
- 游戏特色。
- 工作量估计。
- 开发时间。
- 人员情况。

3.3 需求分析

游戏项目的需求分析一般需要注意以下问题:

(1)哪些人应该参与游戏开发项目的需求分析活动

需求分析活动其实本来就是一个和玩家交流,正确引导玩家能够将自己的实际需求用较为适当的语言进行表达以明确项目特色和创新的过程。这个过程中也同时包含了对要建立的游戏基本功能和模块的确立和策划活动。所以项目小组每个成员、玩家甚至是开发方的部门经理(根据项目大小而定)的参与是必要的。而项目的管理者在需求分析中的职责至少有以下几个方面(玩家代表可以在游戏设计论坛上选择组建):

- 负责组织相关开发人员收集玩家意见和市场情报并进行分析。
- 组织策划和技术骨干代表或者全部成员(与玩家代表讨论)编写《游戏功能描述书(初稿)》正式文档。
- 组织相关人员对《游戏功能描述书(初稿)》进行反复讨论和修改,确定《游戏功能描述书》正式文档。

● 如果玩家代表有这方面的能力或者玩家提出要求，项目管理者也可以指派项目成员参与，而由玩家编写和确定《游戏功能描述书》文档。

（2）完整的需求调查文档记录体系

在整个需求分析的过程中，将按照一定规范编写需求分析的相关文档，不但可以帮助项目成员将需求分析结果更加明确化，也为以后开发过程中做到了现实文本形式的备忘，而且有助于公司日后的开发项目，使其成为公司在项目开发中积累的符合自身特点的经验财富。

需求分析中需要编写的文档主要是《游戏功能描述书》，它基本上是整个需求分析活动的结果性文档，也是开发工程中项目成员主要参考的文档。为了更加清楚地描述《游戏功能描述书》往往还需要编写《玩家调查报告》和《市场调研报告》文档来辅助说明。各种文档最好有一定的规范和固定格式，以便增强其可阅读性和方便阅读者快速理解文档内容，相关规定将在本文后面讨论。

（3）向玩家们调查些什么

在需求分析的过程中，往往有很多不明确的玩家需求，这时项目负责人需要调查玩家的实际情况，明确玩家需求。一个比较理想化的玩家调查活动需要玩家的充分配合，而且还有可能需要对调查对象进行必要的培训。调查内容也需要项目负责人和玩家的共同认可。调查的形式可以通过发需求调查表、在网站做投票调查或者在网吧等现场调研。调查内容主要如下：

● 游戏当前以及日后可能出现的功能需求。

● 玩家对游戏的性能（如机器配置）的要求和操作性的要求。

● 确定网络游戏维护的要求和服务器架设代价。

● 确定游戏的实际运行环境。

● 确定游戏总体风格以及美术效果（必要时玩家代表可以提供参考游戏或者由公司向玩家提供风格图片）。

● 游戏的进行方式和功能数量，是否有必要做重大创新等。

● 各种游戏属性和技能装备的特殊效果及其数量等。

● 项目完成时间及进度安排。

- 明确游戏完成后的运营维护规则和责任。

调查结束后，需要编写《玩家调查报告》，要点如下：

- 调查概要说明：游戏的名称，目标玩家群，参与调查人员，调查开始和终止的时间，调查的工作安排。

- 调查内容说明：玩家的基本情况，玩家主要关心的问题，现有竞争对手项目现状，游戏当前和将来潜在的功能需求、性能需求、可靠性需求、实际运行环境，玩家对新游戏的期望等。

- 调查资料汇编：将调查得到的资料分类汇总（如调查问卷、网站投票结果、会议记录等）。

（4）市场调研活动内容

通过市场调研活动，清晰地分析相似游戏的性能和运营情况。市场调研活动可以帮助项目负责人更加清楚地构想出自己开发的游戏的大体架构和模样，在总结同类游戏优势和缺点的同时项目开发人员可以博采众长开发出更加优秀的游戏。

但是由于实际中时间、经费、公司能力所限，市场调研覆盖的范围也有一定的局限性，在调研市场同类游戏项目时，应尽可能地调研到所有比较出名和优秀的同类游戏。应该了解同类游戏的机制，背景与玩家的差异点、类似点，市场调研的重点应放在主要竞争对手的项目或类似游戏作品的有关信息上。市场调研包括以下内容：

- 市场中同类游戏的确定。
- 调研项目的玩家范围和人群。
- 调研项目的功能设计（主要机制构成、特色功能、性能情况等）。
- 简单评价所调研的游戏情况。

调研的目的是明确并且引导玩家需求。

对市场同类项目调研结束后，应撰写《市场调研报告》，主要包括以下要点：

- 调研概要说明：调研计划，游戏项目名称、调研单位、参与调研、调研开始和终止时间。

- 调研内容说明：调研的同类游戏作品名称、官方网址、制作公司、游戏相关说明、开发背景、主要玩家对象、功能描述、评价等。

● 可采用借鉴的调研游戏的功能设计：功能描述、玩家界面、性能需求、可采用的原因。

● 不可采用借鉴的调研游戏的功能设计：功能描述、玩家界面、性能需求、不可采用的原因。

● 分析同类游戏作品和主要竞争对手项目的弱点和缺陷以及本公司项目在这些方面的优势。

● 调研资料汇编：将调研得到的资料进行分类汇总。

（5）清晰的需求分析输出——《游戏功能描述书》

在拥有前期公司状况和投资成本的约束之下，通过较为详细具体的玩家调查和市场调研活动，借鉴其输出的《玩家调查报告》和《市场调研报告》文档，项目负责人应对整个需求分析活动进行认真总结，将分析前期不明确的需求逐一明确清晰化，并输出一份详细清晰的总结性文档《游戏功能描述书（最终版）》以供作为日后项目开发过程中的依据。

《游戏功能描述书》必须包含以下内容：

● 游戏背景、类型、基本功能。

● 游戏玩家主界面（初步）。

● 游戏运行的软硬件环境。

● 游戏系统机制的定义。

● 游戏系统的创新特性。

● 确定游戏运营维护的要求。

● 确定游戏服务器架设和带宽要求。

● 游戏总体风格及美术效果标准。

● 游戏等级及技能、物品、任务、场景等大概数量。

● 开发管理及任务分配。

● 各种游戏特殊效果及其数量。

● 项目完成的时间及进度。

综上所述，在游戏项目的需求分析中主要是由项目负责人来确定对玩家需求的理解程度,而玩家调查和市场调研等需求分析活动的目的是帮助项目负责人加深对玩家需求的理解和对前期不明确的地方明确化,以便日后在项目开发过程中作为开发成员的依据和借鉴。

3.4 人员分工

游戏开发主要包括以下几个主要职能:项目经理、主策划、主美术、客户端主程序、服务端主程序。随着项目进程的深入,可能还会需要测试主管的加入来负责整个游戏的质量管理。

特别要说明的是"制作人"和项目经理这两个概念,在不同的公司,这两个概念的含义可能会有很大的不同。在很多规模偏小的公司里,项目经理(PM)可能就意味着他是这个项目组的终极 Boss,他的职能覆盖整个项目组的每一个角落,可等同于制作人的含义来理解。而对一些规模较大的公司来说,PM 就像职业经理人一样,只单纯负责项目管理方面的工作,并不参与具体的项目设计、人员安排、资金管理等工作中去。在这种时候,"制作人"的角色实际上就转移给了部门经理。

开发团队人数根据开发阶段和项目类型的不同会有很大出入,没有太大参考价值。

①策划:负责游戏内容设计,协调美术和程序实现设计,可视为一般互联网软件中的项目经理。

人员:系统策划(基础系统如战斗、玩法、社交等)、关卡策划、数值策划、文案策划(情节、对话、任务等)等。(相对其他几个组人数少)

②美术:所有美术相关资源文件制作(按照策划的设计要求)。

人员:3D 场景、3D 建模、原画、UI、特效(工作量大,人数上占较大比重)。

③程序:功能开发、维护系统稳定。

人员:客户端程序(图形效果、客户端游戏逻辑)、服务端程序(负载、数据安全、游戏逻辑)(没代码基的时候工作量很大,有代码基的工作量在中期策划系统陆续设计完成的时候比较大）。

④测试：前期没东西测。中后期加入，黑盒测试，要求兼具游戏经验和测试经验。一方面需要理解策划需求进行针对性测试，另一方面要做日常稳定性测试，如上线后持续的版本测试。

3.5　游戏人物模型设计

游戏角色模型设计常用的软件有 PS，Maya，3ds Max 等。

PS，即 Photoshop，是由 Adobe Systems 开发和发行的图像处理软件。Photoshop 主要处理由像素所构成的数字图像。使用其众多的编修与绘图工具，可以有效地进行图片编辑工作。PS 功能强大，在图像、图形、文字、视频、出版等各方面都有涉及。

Maya，即 Autodesk Maya，是美国 Autodesk 公司出品的世界顶级的三维动画软件，应用对象是专业的影视广告、角色动画、电影特技等。Maya 功能完善，工作灵活，易学易用，制作效率极高，渲染真实感极强，是电影级别的高端制作软件。

Headus UVLayout 是一款专门用来拆 UV 的专用软件，手感相当顺手而且好用。UV 与 Maya 比起来最大的手感差别在于 UV 是按住快捷键配合直接移动滑鼠来动作，所以在编辑时是用滑过去不再是点点拉拉，所以用起来相当奇妙！而且它的自动摊 UV 效果相当好，虽然和 Maya 的 Relax 类似，不过更加简单易用。

BodyPaint 3D 一经推出立刻成为市场上最佳的 UV 贴图软件，众多好莱坞大制作公司的立刻采纳也充分证明了这一点。在 Cinema 4DR10 的版本中将其整合成为 Cinema 4D 的核心模块。

以 Maya 为例，尝试制作一个人物头部的模型：

①新建一个工程，项目名可以自己定义。

②接下来，创建一个立方体，然后 smooth。

③在四视图中调整人头的大致轮廓（此时为了便于观察，可以选择用硬边显示，命令在 POLY-normals-harden edge）。

④适当调整后,在正视图中删掉一侧的面,然后用关联复制另一半,再把复制的一半光滑代理(命令在 POLY-proxy-subdiv proxy)。

⑤调出眼窝的形状,最明显的地方是眉弓骨以及鼻梁中间的线凹进去,选中以下的面,然后挤压出脖子的形状;最后再加线以确定眼睛的位置,围绕眼睛中心点加 4 边线成菱形。

⑥仍然是调节眼睛部分,在之前的眼内框的基础上加一圈环行线;另外,在眼外侧上眼角和下眼角的部分各加一条线,此处是为了解决加眼外框线后形成的三角面,完成后即可删掉四边面中间多余的线。

⑦将代表眼睛的面挤压并删除,然后调整眼睛轮廓、内外眼角形状。

⑧对外眼角侧下方的五边面进行处理,之后可以匹配一个眼球到眼眶。

⑨接下来创建嘴的轮廓,依图加线即可;在嘴唇内圈加一圈环行线,以便确定嘴唇的形状,之后删除嘴唇内圈线所包围的面。

⑩解决下巴外侧的五边面,并对应地在上嘴唇嘴角处加线,这样做同样是为了增加嘴唇上的可调节点,同时也符合肌肉的走势。上嘴角加的线不必连到脑后,因为在完成耳朵的制作之后会把线缝到耳朵里。

⑪在内眼眶环行线外再加一圈环行线,这是为制作眼皮做准备。另外,在外眼眶与内眼眶之间加一圈环行线,目的是丰富眉骨、颧骨以及鼻梁骨的可控点;完成后,在外嘴唇外再加两圈环行线,目的是可以形成拉出鼻底的面。

⑫在鼻底处加线,勾画出鼻孔的位置。

⑬之后是和眼睛相同的处理方式,将代表鼻孔的面挤压进鼻腔里,并收点、删除。

⑭删除橙色的线,从鼻尖加两条线段把这个不规则的面改成合适的结构。

⑮对嘴唇的调节,在嘴唇线中间再加一条环形线,增加嘴唇的厚度和立体感。此处要注意嘴角的细节调整。

⑯对鼻子部分的加线调整,最终通过细节调节,完成图如图 3.1 所示。

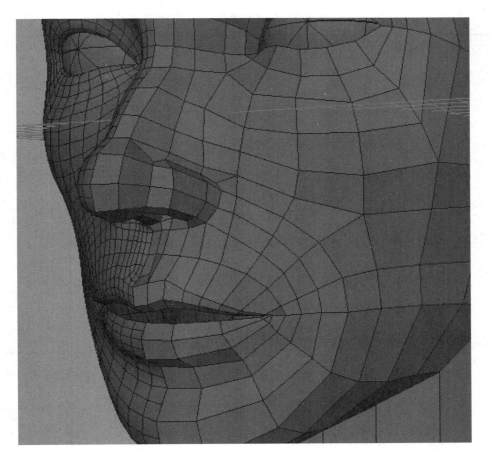

图 3.1

3.6　游戏人物对象设计

人物对象一般分为两类:玩家人物对象和 NPC。一般来说,至少包括以下几个方面:

玩家对象:人物属性、动作、技能、背包、装备等。

NPC:属性、动作、技能、移动、AI。

具体玩家对象和 NPC 设计,见表 3.1。

表 3.1　玩家对象和 NPC 设计

对　象	对象属性	备　注
玩家对象	人物属性	生命值
		魔法值
		攻击力
		防御值
		移动速度
	动作	移动动作
		释放技能的动作
		普通攻击的动作
		死亡时的动作
	技能	人物所拥有的技能
	背包	大小
	装备	所穿的装备
NPC	属性	生命值
		魔法值
		攻击力
		防御值
		移动速度
	动作	移动动作
		释放技能的动作
		普通攻击的动作
		死亡时的动作
	技能	NPC 所拥有的技能
	移动	移动轨迹
	AI	NPC 工作算法

3.7　游戏地图模型设计

地图模型是整个游戏中很重要的一部分，主要作用是把整个游戏世界之中零散的角色按照一定的方式联系起来,使他们之间发生关系。

建造一个城堡的步骤如下:

- 建立一个圆柱体,并将柱子的高度细分成 4 份,然后进行调整。
- 建立一个立方体,并将其细分成 3 份,然后拉长成长方体。
- 选择物体的 face,并执行 Edit polygon-Extrude face,进行伸长。
- 将物体移动到圆柱体的外围,把物体的 pivot 移动到物体中心,接下要做环绕复制,选择 Edit-Duplicate,设置内部属性。
- 设置圆柱体上的 face,并往内推。
- 建立圆锥,并将底部伸长。
- 建立圆柱体细分,然后调整。
- 将 face 往内拉伸,之后的工作都是拉伸动作。
- 做出小屋顶。
- 选择刚刚建立的塔,并复制一个放到旁边,进行渲染。
- 选择 point light,设置灯光属性,开放阴影,然后渲染,render time = 32 s。
- 建立平面并旋转调整,再应用 extrude face 作出窗户的感觉。
- 建立小圆塔,进行渲染。
- 使用 UV 贴图,先选择贴图的平面,再选择 Edit Polygon-texture-planer Mapping,并选择贴图的方向,对圆柱体,可以使用 Cylindrical Mapping。
- 选择要输出的物体,将 UV 输出到桌面上,方便 PS。
- 用 PS 打开 UV,首先在 layer 里面建立资料夹,并分别命名为 color,diffuse,bump,specular。在每个资料夹上贴图,画上贴图。
- 贴完画之后保存为 PSD,开启 Maya 并建立新的材质球,将 color 连接到刚刚保存的 PSD,再将 file 复制,分别连接到 diffuse,bump,specular。
- 再贴上剩余的图。
- 结果如图 3.2 所示。

图 3.2

3.8 游戏地图对象设计

通过地图模型的制作，可以解决坐标问题，但是还有许多问题解决不了，例如，这个技能最远攻击距离是多少？范围有多大？这个怪物离我多近时会主动攻击我？有些地形我是否可以通过？以什么样的方式通过？接近怪物时我会被撞到停下还是从中穿过？等等。

为了解决这些问题，提出了一个新的概念——场景（Scene），场景就是包装了Map，增加了对象管理功能，同时产生一些场景事件（如位置关系变化、对象转移等）以及对外提供位置关系查询等功能。其设计主要遵循以下几个原则：一是一个场景要有一张地图；二是场景要负责对象管理；三是场景要表示位置关系（AOI）。

3.9　装备模型设计

例如,制作剑模,具体步骤如下:

- 绘制一条曲线并进行复制调整,然后用命令"Surface→loft"操作曲面,并调整曲面点,绘制成剑柄顶端。

- 在步骤 1 的基础上绘制一条曲线,并进行镜像操作,用命令"Attach Curves"连接曲线和步骤 1 中的曲线,用命令"Surface→Extrude"进行拉伸曲线,从而形成两个面。

- 运用"Intersect Surfaces"进行曲面相交。将步骤 2 中的面嵌入到步骤 1 的剑柄顶端中。

- 使用剪切命令将两个面中的部分剪切掉,形成剑柄顶端的凹陷部分。

- 然后选择两个曲面的剪切边线,使用圆角工具,使剑柄凹陷部分的边缘变得光滑。

- 进行圆角操作后,选择曲面底部的 ISO 线,复制剑柄顶端最下方的曲线并进行缩放,形成剑柄顶端连接部分的基线。

- 然后再复制一条相同的基线,移动到步骤 6 的基线之下,分别选择两条基线,使用命令"Freeform Fillet"将它们进行连接,形成剑柄顶端的连接部分。

- 调节缩放连接曲面上的点使其与剑柄顶端连接。

- 分别选择连接部分曲面上下链条 ISO 线,使用命令"Insert Isoparms"使曲率更柔和。

- 创建一个多边形圆柱,使用命令"Extrude Face"拉伸面到合适的位置,使其置于连接部分之下,作为剑柄顶端的延长部分。

- 选择延长部分最下端的曲面,并将其延长,形成剑柄的雏形。

- 创建两个圆用命令"Loft"进行放样操作。

- 选择两曲面后创建圆角,使之成为剑柄顶端凹陷处的连接杆。

- 如果圆角失败,"Ctrl + A"打开曲面属性把数值改为负值。

● 创建复制缩放曲线,使用命令"Project Curve on Surface"映射到曲面上,然后进行剪切,选择剪切后,进行拉伸,从而细化剑柄的细节部分。

● 选择剪切过的面,使用命令"Offset Surface"向内偏移,实现剑柄中的凹槽效果。

● 选择两曲面的 ISO 线后进行圆角操作,使边缘更平滑。

● 创建多边形圆柱体,选择"Extrude Face"的面进行拉伸,制作剑柄的把手部分。

● 创建曲面映射并进行剪切,从而形成剑的护手。

● 复制曲面相交,并剪切出所需的底面,使得护手更加平滑。

● 创建平面,并映射曲线,进行剪切,绘制出剑刃的雏形。

● 选择两条竖 Hull 进行调整,将剑刃进行拉伸。

● 选择 ISO 进行两面连接,将剑刃与尖部进行连接。

● 曲线映射并进行剪切,完成整个剑刃的制作。

效果如图 3.3 所示。

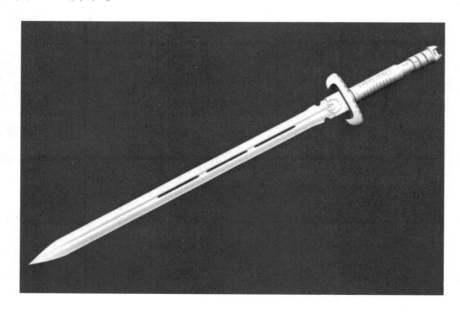

图 3.3

3.10 装备对象设计

设计自己的装备对象,以及对应的装备属性,例如,装备名称、属性、等级、强化等。

具体属性如图 3.4 所示。

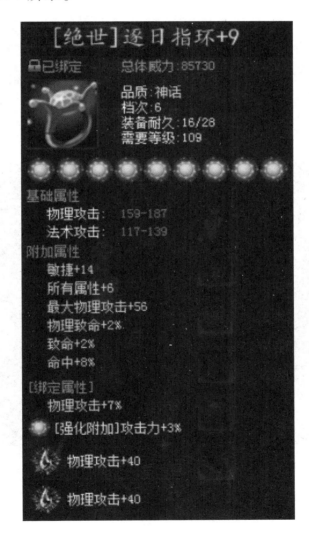

图 3.4

3.11　技 能 模 型 设 计

游戏中的技能模型设计一般遵循以下步骤,以设计一个闪电技能为例加以介绍。

● 建立交叉图片,为这个交叉面片加上两个修改器:扭曲(Twist)和噪波(Noise);其参数按照自己想要的特效简单设置即可。

● 通过修改器加工,让交叉面模型变成不规则的螺旋造型。

● 贴上贴图,给 UV 一个向下的运动。

● 为模型加上一层闪电光晕。

最终效果如图 3.5 所示。

图 3.5

可根据需要,发挥自己的想象力设计各种各样的炫酷技能,如火球、水球等技能。

3.12　技 能 对 象 设 计

设计自己的技能对象,确定技能的各种属性,确定技能的一些特性的运算公式,见表 3.2。

表 3.2　技能对象设计参数

技能名	等　级	效　果	触发条件	释放延迟/s	有效距离(或持续时间)	冷却时间/s	伤　害	消耗魔法值
火箭	1	释放一道火焰,对一条线上的单位造成伤害	主动	0	释放距离:600 px 最大距离:1 075 px	8.5	100	90
	2			0	释放距离:600 px 最大距离:1 075 px	8.5	170	105
	3			0	释放距离:600 px 最大距离:1 075 px	8.5	230	125
	4			0	释放距离:600 px 最大距离:1 075 px	8.5	280	140
火焰囚笼	1	召唤一道火柱,对区域内的目标造成伤害,并眩晕 1.6 s	主动	0.5	施法距离:600 px	7	90	90
	2			0.5	施法距离:600 px	7	100	100
	3			0.5	施法距离:600 px	7	110	110
	4			0.5	施法距离:600 px	7	125	125
焰魂	1	释放技能时提升自身攻击速度	被动(释放技能时,瞬间触发)	0	持续时间:7 s	0	攻速加 40	0
	2			0	持续时间:7 s	0	攻速加 55	0
	3			0	持续时间:7 s	0	攻速加 70	0
	4			0	持续时间:7 s	0	攻速加 80	0
电击	1	向目标射出闪电,造成伤害	主动	0	施法距离:600 px	70	450	280
	2			0	施法距离:600 px	60	675	420
	3			0	施法距离:600 px	50	950	680

3.13 战 斗 模 式 设 计

战斗模式设计,通俗地讲就是设计实现"怎么打"? 我的主角、英雄在游戏中是通过何种方式去换取游戏资源的? 主要可从以下几个方面着手:

(1)**关卡设计**

按照这种逻辑来讲,关卡对有层次感、有节奏的战斗实际上就是给主角提升经验和技能,在关卡设计上,要保证主角所发出的每一次攻击都是富有成效的,保证玩家的每一次选择在战斗中都是立竿见影的。所以,设计关卡时要保证层次感。

(2)**动作设计**

①找大量背景相似、风格相近的动作 GIF 图或者动作视频留作参考。
②每个重要战斗角色都单独写一段文字描述,展现其性格、派别等具有和其他战斗角色区分度的东西,若有余力,可稍加描述动作的具体描述。
③根据上述两条,结合前文制订的战斗规则,定义每个角色的战斗动作。

(3)**战斗方式**

首先考虑战斗的精细程度,是全身统一用一个受击框还是针对不同部位设定不同的受击框? 每个受击框是否需要不同的受击动作? 战斗角色的攻击范围分几种? 就近战来说,需要有扇形? 圆形? 还是矩形? 或者完全根据攻击轨迹来计算?

其次考虑是否需要辅助性的技能,如破甲、减速、流血、暴击、加血、眩晕等表现,这些都是至关重要的。

3.14　奖 励 机 制 设 计

设计游戏中的奖励机制,主要包括奖励方式,是只有完成整个关卡之后才会有奖励呢? 还是在关卡之中根据完成度的不同设置不同的奖励。而奖励也分为必要的奖励(只要战斗就有的奖励),如经验值、金钱奖励等;还有非必要的奖励(有可能会有奖励),如装备、宝石等。对非必要的奖励需要设计相对应的掉落概率,该概率的设计要让玩家有可能获得奖励,但又不会很轻易地获得奖励,见表3.3。

表 3.3　奖励机制

奖励要求	奖励内容	获得概率/%
击杀小兵	经验(500×30/当前等级)	100
	金币(80~100 随机)	100
击杀 Boss	经验(5 000×30/当前等级)	100
	金币(500~800 随机)	100
	装备(装备类型和属性随机)	3

3.15　数 据 库 设 计

根据游戏人物对象的设计、地图模型对象的设计、装备对象的设计、技能对象的设计、战斗方式的设计、奖励机制的设计等,汇总产生的所有数据,根据数据库的设计规范,设计符合要求的数据库,实现对数据的存储见表3.4。

表 3.4　数据库设计

字　　段	类　　型	可为空	描　　述
用户信息表（Table_User）			
User_ID	Varchar（10）	否	用户 ID（主键）
User_Name	Varchar（10）	否	用户昵称
Password	Varchar（6）	否	密码
Level	Int	否	人物等级
Hp	Long	否	生命值
Mp	Long	否	魔法值
Attack	Long	否	攻击力
Defensive	Long	否	防御值
Speed	Long	否	移动速度
Skill	Int（10）	是	已拥有技能的编号

　　根据表 3.4，完成自己的所有对象的信息表，尽量让表的信息完善，并且查找时效率更高。

3.16　服务端设计

　　游戏中的单机游戏的设计并不需要设计实现服务端，而对网络游戏，服务端的设计是必需的。服务端的设计主要目的是将所有的客户端对应的玩家连接起来，让所有用户之间的数据可以实现一致性，以及实现部分不适合在客户端执行的逻辑，防止游戏被恶意破坏，例如，装备掉落概率的计算、用户的验证登录等信息，这样做在一定程度上延长了游戏的生命周期。

　　对服务器的设计，一般按照以下模式进行设计：

　　①系统层：在实现服务器的过程中有很多功能不便于直接使用语言编程实现，需要调用操作系统来实现这些功能，将这部分内容划归到系统层，这样就便于对代码的管理和维护。

②引擎层:这部分主要包括一些整个项目必须有但和游戏内容关系不大的部分功能,例如,线程管理,内存管理,日志,等等。该层位于系统层上,和操作系统直接隔离。这一部分也可以使用第三方生产的游戏引擎,在该引擎的基础上二次开发,完成自己的引擎层的设计。

③逻辑层:编码比重最大的一层,也是最熟悉的一层,主要实现游戏中的逻辑实现,该层的代码难度一般都不大,但对结构设计的要求很严格,对代码的质量要求较高,也是出现 Bug 最多的一层。

④数据层:主要实现对数据库的管理,以及客户端传递的数据解析和服务端发出的数据加密等工作。

3.17 　客户端和服务端数据交互设计

当完成客户端和服务端的设计后,需要进行通信设计,即完成客户端和服务端数据的连通。需要设计合适的通信协议,保证通信过程中数据的完整性、稳定性和高效率,常见的通信协议有以下几种。

(1) TCP

TCP 是面向连接的通信协议,通过 3 次握手建立连接,通信完成时要拆除连接。因为 TCP 是面向连接的,所以只能用于端到端的通信。

TCP 提供的是一种可靠的数据流服务,采用"带重传的肯定确认"技术来实现传输的可靠性。TCP 还采用一种称为"滑动窗口"的方式进行流量控制。所谓窗口实际表示接收能力,用以限制发送方的发送速度。

如果 IP 数据包中有已经封好的 TCP 数据包,那么 IP 将把它们向"上"传送到 TCP 层。TCP 将数据包排序并进行错误检查,同时实现虚电路间的连接。TCP 数据包中包括序号和确认,所以未按照顺序收到的数据包可以被排序,而损坏的数据包可以被重传。

TCP 将它的信息送到更高层的应用程序,例如,Telnet 的服务程序和客户程序。应用程序轮流将信息送回 TCP 层。TCP 层便将它们向下传送到 IP 层、设备驱动程序和物理介质,最后到接收方。

面向连接的服务(如 Telnet,FTP,Rlogin,X Windows 和 SMTP)需要高度的可靠性,所以它们使用了 TCP。DNS 在某些情况下使用 TCP(发送和接收域名数据库),但使用 UDP 传送有关单个主机的信息。

(2)UDP

UDP 是面向无连接的通信协议,UDP 数据包括目的端口号和源端口号信息,由于通信不需要连接,因此可以实现广播发送。

UDP 通信时不需要接收方确认,属于不可靠的传输,可能会出现丢包现象,实际应用中要求程序员编程验证。

UDP 与 TCP 位于同一层,但它不管数据包的顺序、错误或重发。因此,UDP 不被应用于那些使用虚电路的面向连接的服务,UDP 主要用于那些面向查询——应答的服务,如 NFS。相对于 FTP 或 Telnet,这些服务需要交换的信息量较小。使用 UDP 的服务包括 NTP(网络时间协议)和 DNS(DNS 也使用 TCP)。

欺骗 UDP 包比欺骗 TCP 包更容易,因为 UDP 没有建立初始化连接(也可称为握手)(因为在两个系统间没有虚电路),也就是说,与 UDP 相关的服务面临着更大的危险。

3.18　游戏测试

当在需求阶段时,测试人员根据需求分析开始编写《测试计划》。当游戏完成后,测试人员根据测试计划,对整个游戏进行测试。测试一般使用黑盒测试和白盒测试两种方法。

(1)黑盒测试

黑盒测试也称为功能测试,它是通过测试来检测每个功能是否都能正常使用。在测试中,把程序看成一个不能打开的黑盒子,在完全不考虑程序内部结构和内部特性的情况下,在程序接口进行测试,它只检查程序功能是否按照需求规格说明书的规定正常使用,程序是否能适当地接收输入数据而产生正确的输出信息。黑盒测试着眼于程序外部结构,不考虑内部逻辑结构,主要针对软件界面和软件功能进行测试。

黑盒测试是以用户的角度,从输入数据与输出数据的对应关系出发进行测试的。很明显,如果外部特性本身设计有问题或规格说明的规定有误,用黑盒测试方法是发现不了的。

（2）白盒测试

白盒测试又称为结构测试、透明盒测试、逻辑驱动测试或基于代码的测试。白盒测试是一种测试用例设计方法,盒子指的是被测试的软件,白盒指的是盒子是可视的。"白盒"法全面了解程序内部逻辑结构、对所有逻辑路径进行测试。"白盒"法是穷举路径测试。在使用这一方案时,测试者必须检查程序的内部结构,从检查程序的逻辑着手,得出测试数据。贯穿程序的独立路径数是天文数字。

常用的软件测试方法有两大类,即静态测试方法和动态测试方法。其中,软件的静态测试不要求在计算机上实际执行所测程序,主要以一些人工的模拟技术对软件进行分析和测试;软件的动态测试是通过输入一组预先按照一定的测试准则构造的实例数据来动态运行程序,而达到发现程序错误的过程。在动态分析技术中,最重要的技术是路径和分支测试。

3.19　后期游戏维护

后期游戏维护一般需要进行以下几个方面的工作:

①运营团队会提前发布更新内容,做好新玩法预热。

②策划最后会在内部服务器上跑一跑玩法看看有没有问题,然后等游戏正式上线后去论坛看玩家反馈。

③程序一般就是更新代码,部署到服务器内部测试,如果架构有改动,就和SA配合一起运行游戏脚本改架构。同时,另一批测试员会跑一堆脚本,包括计费的对账脚本、导数据的脚本、更新各种榜单的脚本、预热数据库和Cache的脚本等。每个人会对自己的模块再进行测试,然后会盯着各种警报。

④QC团队也会在服务器上把本周新玩法和主流程再测试一遍。

第 **4** 章
软件工程实训项目案例一:梦境

4.1 软件项目立项

4.1.1 项目简介

《梦境》是一款简单的 RPG 游戏,剔除多余的刷怪升级打 Boss 再循环的环节,玩家将操控角色直接展开 Boss 战,享受与 Boss 1 VS 1 的快感!

4.1.2 项目目标

创建角色、Boss、场地模型,实现角色与 Boss 之间的交互(包括碰撞、动作制作等)等粒子特效制作以及 Boss AI 设计,让玩家真实感受到战斗的乐趣。

4.1.3 系统边界

系统最低要求将实现一个角色、一个 Boss、Boss AI 以及一个角色与 Boss 之间的简单战斗操作。其次开发时间充裕将实现装备设计和技能填充。装备以剑为基础,只要求有一件装备,可以通过打 Boss 爆出不同品阶的剑。技能也以一个为基础,要求作出粒子碰撞的效果。

此游戏适合 12~30 岁年龄段的玩家,该玩家需具备基础的 3D 游戏知识。

4.1.4 工作量估算

工作量估算见表 4.1。

表 4.1 工作量估算

模　块	子模块	工作量估计/(人・天$^{-1}$)	说　明
游戏建模	人物建模	14	使用 Maya 2015 完成 Boss 和角色的建模
	场景建模	6	使用 Maya 2015 进行战斗场景的建模
	物品建模	12	使用 Maya 2015 进行角色装备的建模
游戏设计	界面设计	13	进行游戏开始,游戏结束的界面设计 设计游戏进行中装备界面,主界面等界面的交互
	数据设计	19	进行角色,Boss 的属性数据设计 进行技能,Boss AI 数据设计 设计道具属性数据
总体构建测试	人物测试	5	对角色数据进行测试 对 Boss 数据进行测试
	场景测试	4	对游戏场景进行测试
	道具测试	7	对角色装备进行测试
	总体测试	5	按照完整的游戏流程进行全方位测试
	开放测试	5	邀请多个用户进行游戏测试,并收集他们的反馈意见,对游戏进行最后的优化
总工作量/(人・天$^{-1}$)		90(5×18)	

注:"人/天"即 1 个人工作 8 h 的量就是 1 人/天。

4.1.5　开发团队组成和计划时间

①项目计划：2016 年 06 月 20 日—2016 年 07 月 09 日（计 2/3 月）。

②项目经理：1 人。

③项目成员：5 人。

4.1.6　风险评估和规避

①技术风险：关于建模的技术不太成熟。

解决：

在制作的同时学习建模制作。

在满足游戏功能需求的情况下，降低建模成品标准。

②管理风险：项目目标较大，难以掌控时间。

解决：

写出详细的开发流程，按照后期开发实际进度督促员工工作并及时对流程任务时间进行修正。

③其他风险：项目要求计算机配置较高，小组一些人员计算机配置达不到要求。

解决：

借用其他人的计算机完成项目或交与对配置要求不高的任务。

4.2　软件项目计划

项目规划图如图 4.1 所示，项目燃尽图如图 4.2 所示。

ID	梦境	类型	执行者	2016/6/20	2016/6/21	2016/6/22	2016/6/23	2016/6/24	2016/6/25	2016/6/26	2016/6/27	2016/6/28	2016/6/29	2016/6/30	2016/7/1	2016/7/2	2016/7/3	2016/7/4	2016/7/5	2016/7/6	2016/7/7	2016/7/8	2016/7/9
1.1	梦境			90	86	77	64	63	61	61	57	52	45	42	39	34	34	26	21	17	8	0	0
1.1-01	撰写需求和设计说明书	需求分析	张三、李四	23	20	12	0	0	0	0	0	0	0	0	0	0	0	0	0	0	0	0	0
1.1-02	游戏建模	开发	王五	22	21	20	19	18	16	16	14	10	8	6	6	6	3	0	0	0	0	0	0
1.1-03	游戏设计	页面	赵六、钱七	22	22	22	22	22	22	22	20	19	17	17	16	14	14	11	9	6	0	0	0
1.1-04	总体构建测试	测试	ALL	23	23	23	23	23	23	23	23	23	20	19	17	14	14	12	12	11	8	0	0
2.1	撰写需求和设计说明书			23	20	12	0	0	0	0	0	0	0	0	0	0	0	0	0	0	0	0	0
	引言	需求分析	张三、李四	2	0	0	0																
	项目概述	需求分析	张三、李四	4	3	0	0																
	游戏总体概要	需求分析	张三、李四	5	5	0	0																
	详细需求	需求分析	张三、李四	10	10	10	0																
	环境	需求分析	张三、李四	2	2	2	0																
3.1	游戏建模			22	21	20	19	18	16	16	14	10	8	6	6	6	3	0	0	0	0	0	
	人物建模	开发	周八	10	9	8	7	6	4	4	2	0	0	0	0	0	0	0					
	场景建模	开发	周八	5	5	5	5	5	5	5	5	3	1	0	0	0	0						
	物品建模	开发	周八	7	7	7	7	7	7	7	7	7	7	6	6	6	3	0					
4.1	游戏设计			22	22	22	22	22	22	22	20	19	17	17	16	14	14	11	9	6	0	0	
	界面设计	页面	赵六、钱七	10	10	10	10	10	10	10	8	7	5	5	4	4	4	4	3	0			
	数据设计	开发	赵六、钱七	12	12	12	12	12	12	12	12	12	12	12	10	10	7	5	3	0			
5.1	总体构建测试			23	23	23	23	23	23	23	23	23	20	19	17	14	14	12	12	11	8	0	0
	人物测试	测试	ALL	6	6	6	6	6	6	6	6	6	3	3	2	0	0	0	0	0			
	场景测试	测试	ALL	5	5	5	5	5	5	5	5	5	4	2	2	0	0	0	0				
	道具测试	测试	ALL	3	3	3	3	3	3	3	3	3	3	3	3	3	3	2	0				
	总体测试	测试	ALL	6	6	6	6	6	6	6	6	6	6	6	6	6	6	6	5	0			
	开放测试	测试	ALL	3	3	3	3	3	3	3	3	3	3	3	3	3	3	3	0				
	全部计算剩余			90	86	77	64	63	61	61	57	52	45	42	39	34	34	26	21	17	8	0	0
	工作日	14		1	1	1	1	1	0	0	1	1	1	1	1	0	1	1	1	1	1	1	0
	预计燃烧增量(每个工作日)	6.42857143																					
	预计燃烧轨道			90	84	77	71	64	64	64	58	51	45	39	32	32	26	19	13	6	0	0	

图 4.1　项目计划图

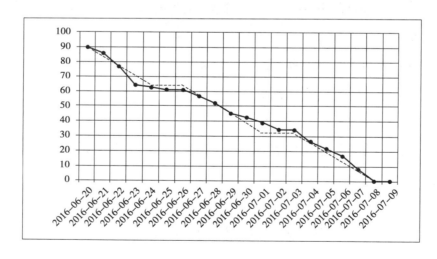

图 4.2　项目燃尽图

4.3　软件需求规格说明书

4.3.1　简介

（1）**目的**

这份软件需求规格说明书是关于广大玩家对"梦境"游戏的功能和玩法要求的描述，该说明书的预期读者为：

- 玩家；
- 项目管理人员；
- 测试人员；
- 设计人员；
- 开发人员。

这份软件需求规格说明书重点描述了"梦境"游戏的功能需求，明确所要开发的模块应具有的功能以及游戏的性能与界面，使系统分析人员及软件开发人员能清楚地了解玩家的需求。

（2）**范围**

这份软件需求规格说明书仅在需求层次进行一定描述，包括：

- "梦境"游戏总体说明；
- 游戏设计需求说明；
- 游戏各模块将要实现的功能需求；
- 系统的性能需求；
- 接口需求；
- 假定和约束。

不包括：

- 项目具体设计流程；
- 系统具体实现流程；
- 游戏具体测试流程。

4.3.2 总体概述

（1）软件概述

①项目介绍。"梦境"游戏项目是一款新开发的独立游戏项目，这款游戏项目的创立原因，是因为在游戏产业突飞猛进的今天，大部分 RPG 游戏都遵循着打怪兽、升级、打 Boss 的标准流程，难有创新。

许多人已经对这样的模式感到厌烦，更多人喜欢的是快餐式的游戏风格，尤其是那些用零碎的时间也能感受到成就感的游戏体验。

因此，"梦境"游戏项目被提出，这款游戏将跳过烦冗的游戏流程，直接开始玩家与 Boss 的 1 VS 1 战斗，让玩家直接进入紧张刺激的 Boss 战。

②项目环境介绍。本项目为独立项目，目标是一款 RPG 类的单机游戏。

（2）软件功能

- 游戏开始需先创建人物，之后该人物的物品、属性等信息都会储存在 PC 中。
- 物品栏可以存储奖励得到的物品，并自动排序，显示已装备在角色身上的装备。
- 难度及关卡选择可供玩家挑选自己喜欢的 Boss。
- 战斗完毕后无论胜利还是失败都可获得奖励，当然胜利的奖励会更丰厚。

"梦境"功能结构图，如图 4.3 所示。

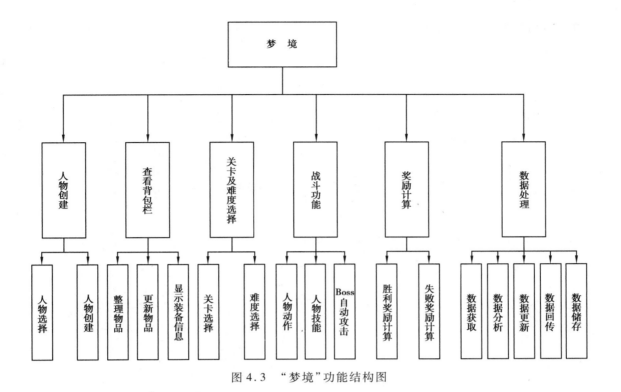

图 4.3 "梦境"功能结构图

(3) 具体需求

1) "梦境"系统用例图(图 4.4)

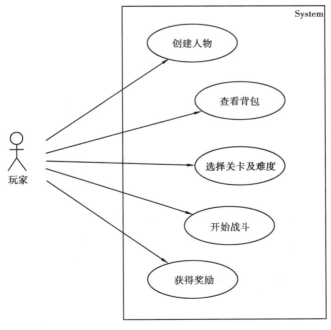

图 4.4 "梦境"系统用例图

2）"创建人物"用例图（图 4.5）

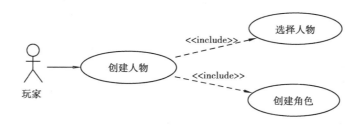

图 4.5　"创建人物"用例图

3）"选择人物"流程图（图 4.6）

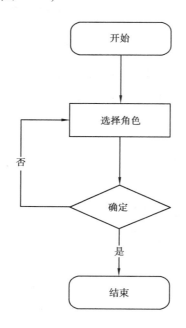

图 4.6　"选择人物"流程图

玩家选择系统提供的角色,点击"确定"按钮后确定角色。

● 输入来源:鼠标。

● 输出到角色文件夹中(覆盖原有的角色信息)。

● 数量:1 个角色数据包。

● 时间要求:点击"确定"按钮后 1 s 内输出。

4）创建角色

①介绍。在这项功能中,玩家完成角色昵称的编写,并创建角色。

②输入。

• 输入来源：键盘、鼠标。

• 数量：6 个字符内。

• 包含精确度和容忍度的有效输入范围：中/英文字符。

③处理。

"创建角色"流程图，如图 4.7 所示。

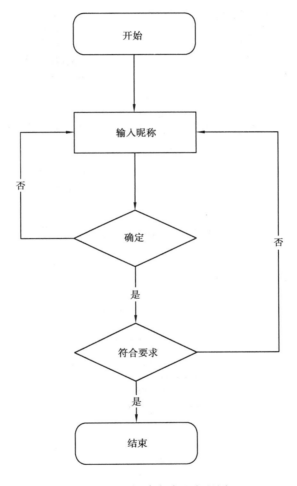

图 4.7　"创建角色"流程图

④输出。

• 输出到何处：上一步储存角色信息的文件夹。

• 数量：输入字符数量为 6 个字符内。

• 包含精确度和容忍度的有效输出范围：中/英文字符。

- 对非法值的处理：重新输入昵称。
- 错误消息：无法识别的字符（重新输入昵称）。

（4）查看背包栏功能

- 查看背包功能介绍。

玩家打开已创建的角色背包栏，可在背包中查看、更新、整理和更换装备。

- "查看背包"用例图，如图 4.8 所示。

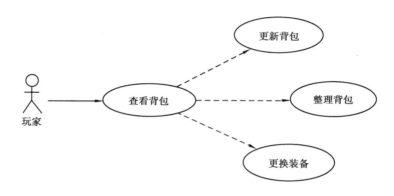

图 4.8　"查看背包"用例图

1）"更新、整理背包"流程图（图 4.9）

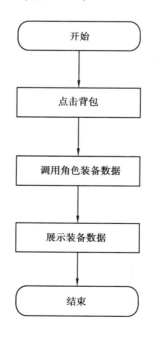

图 4.9　"更新、整理背包"流程图

①介绍。本模块玩家可打开背包栏查看战斗结束后奖励的装备和以前的装备。

②输入。

• 输入来源:鼠标、键盘。

• 时间要求:点击装备栏后1 s内作出反应。

③处理。

④输出。

• 输出数据:图片和文字。

• 时序:先输出文字再输出图片。

2)"更换装备"流程图(图4.10)

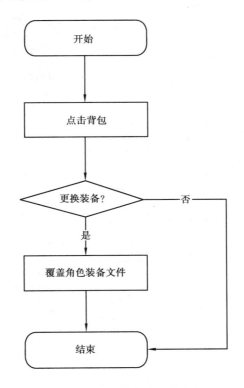

图4.10 "更换装备"流程图

①介绍。本模块玩家可打开装备栏,更换角色身上的装备。

②输入。

• 输入来源:鼠标、键盘。

• 时间要求:选择后1 s内作出反应。

③处理。

④输出。输出到何处:保存角色信息的文件夹。

(5)关卡及难度选择功能

①选择关卡及难度功能简介。本模块可提供玩家关卡的选择和该关卡难度的选择。

②"选择关卡及难度"用例图,如图4.11所示。

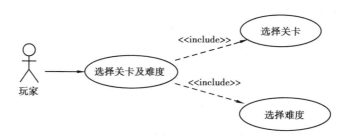

图4.11 "选择关卡及难度"用例图

③"选择关卡"流程图,如图4.12所示。

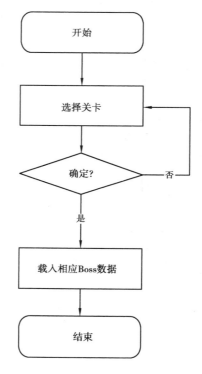

图4.12 "选择关卡"流程图

● 介绍

关卡及难度选择可为玩家提供自主选择游戏难度的权利。

● 输入

输入来源:鼠标。

● 处理

（6）**战斗功能**

● 开始战斗功能简介

玩家操控角色与 Boss 展开战斗。

● 开始战斗系统用例

1）角色移动

● 介绍

玩家操控角色在场地内进行移动。

● 输入

输入来源:键盘。

时间要求:按键后 1 s 内作出反应。

包含精确度和容忍度的有效输入范围:待定。

● 处理

● 输出

输出角色在场地中的方位数据。

2）角色普通攻击

● 介绍

玩家点击鼠标左键操控角色进行普通攻击。

● 输入

输入来源:鼠标。

时间要求:0.5 s 内作出反应。

● 处理

● 输出

输出到伤害计算函数。

包含精确度和容忍度的有效输出范围:待定。

"选择难度"流程图,如图 4.13 所示。

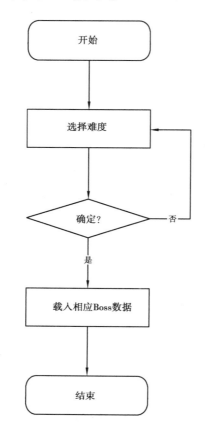

图 4.13　"选择难度"流程图

对非法值的处理:不计。

"开始战斗"用例图,如图 4.14 所示。

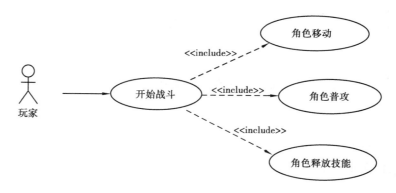

图 4.14　"开始战斗"用例图

"角色移动"流程图,如图 4.15 所示。

"角色普攻"流程图,如图 4.16 所示。

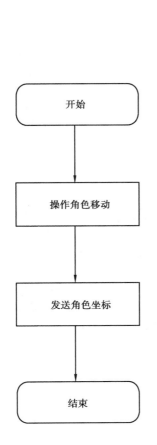

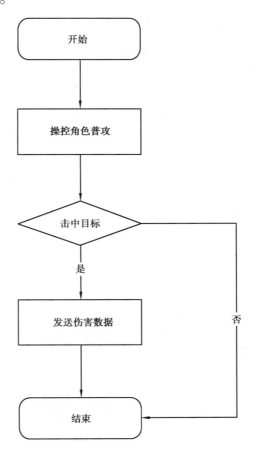

图 4.15 "角色移动"流程图   图 4.16 "角色普攻"流程图

3)角色释放技能

● 介绍

玩家按特殊键时角色释放技能。

● 输入

输入来源:键盘。

数量:1 个。

时间要求:按键后 0.5 s 内作出反应。

● 处理

"释放技能"流程图,如图 4.17 所示。

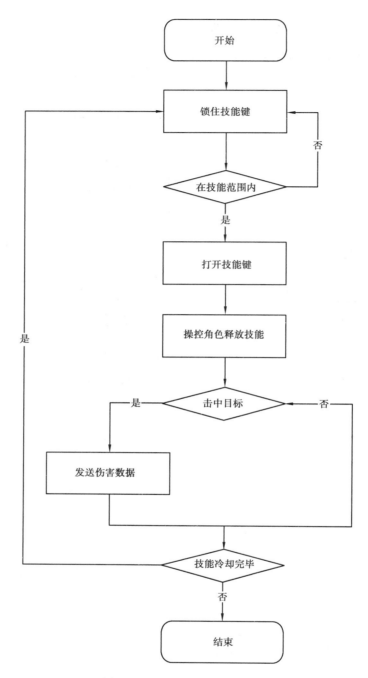

图 4.17 "释放技能"流程图

· 输 出

输出到伤害计算函数。

（7）**奖励计算功能**

- 获得奖励功能简介

每次战斗结束后，系统根据战斗结果发放奖励。

- "获得奖励"用例图，如图 4.18 所示。

图 4.18　"获得奖励"用例图

发放奖励：

- 介绍

战斗结束后，系统根据战斗结果发放奖励，奖励待定。

- 输入

输入来源：战斗结果（0 或 1）。

数量：1 个。

时间要求：30 s 内作出反应。

- 处理

"发放奖励"流程图，如图 4.19 所示。

- 输出

输出奖励信息。

存入角色属性文件。

4.3.3　性能需求

（1）**时间性能需求**

战斗模块反应时间需求在 1 s 内。

其余系统模块反应时间需求在 30 s 内。

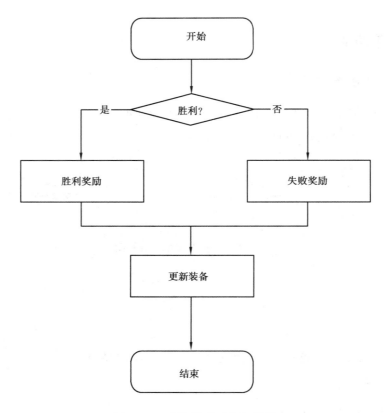

图4.19 "发放奖励"流程图

（2）系统开放性需求

本系统具有良好的可移植性，可正常运行在 Windows、Android 等系统中。本系统可根据需求进行功能和元素的扩充。

（3）界面友好性需求

系统界面应符合以下标准：

- 风格统一。
- 指令清楚。
- 操作流清晰。
- 布局大方。

（4）**系统可用性需求**

为保证系统可用性，系统应符合以下标准：

- 较高的数据准确率。
- 较快的响应速度。
- 数据有效性，应尽量保证提供的数据和信息都是有价值的，避免冗余或无用的数据。
- 系统健壮性，在系统出错时应提供相应的回避或处理机制，避免宕机或程序崩溃。

（5）**可管理性需求**

系统应严格按照相关文档进行开发，同时在开发过程中应严格执行需求控制和追踪。

4.3.4　接口需求

（1）**用户接口**

实现用户操作图形化界面，分辨率从 960×540 像素到 1 920×1 080 像素。
战斗功能中一些组合功能键的用法如下：

- 基本移动方向键为"A""W""S""D"。
- 普通攻击为"LB"（鼠标左键）。
- 技能待定。

（2）**软件接口**

在游戏开始，选择战斗后，开始调用虚幻 4 引擎，使玩家能够操控人物移动或攻击等。

- 名称：虚幻 4。
- 助记符：暂无。

- 版本号：系统自带。
- 来源：Internet。

4.3.5　总体设计约束

（1）标准符合性

"梦境"游戏的开发应严格遵循《软酷卓越实验室 COE 技术要求规范》和《软酷卓越实验室 COE 编程规范要求》规范。

（2）硬件约束

硬件配置见表 4.2。

表 4.2　硬件配置表

硬　件	最低配置	推荐配置
CPU	Core 2 Duo E4300 1.8 GHz / Athlon 64 X2 Dual Core 4000 +	Core 2 Duo E4700 2.6 GHz / Athlon 64 X2 Dual Core 6000 +
显卡	NVIDIA GeForce 7300 GT / ATI X1300	NVIDIA GeForce GT240 / ATI HD4670
内存	2 GB	4 GB
硬盘	3.51 GB	3.51 GB
系统	Windows 7/8/10	Windows 7/8/10

（3）技术限制

- 并行操作：保证数据的正确性和完备性。
- 编程规范：C++编程规范。

4.3.6　软件质量特性

（1）可靠性

- 适应性：能在 Windows、Android 等系统中运行。

- 容错性:在数据出错的情况下,会退出游戏。
- 可恢复性:数据出错,游戏退出后,再次登录游戏时,角色数据不会丢失。

（2）**易用性**

本游戏具备良好的界面设计,开始界面简洁明了,游戏主界面每个子功能都配有文字讲解,方便玩家使用。

4.3.7　需求分级

需求分级见表4.3。

表4.3　需求分级表

需求 ID	需求名称	需求分级
3.2.1	选择人物	A
3.2.2	创建角色	A
3.3.1	更新背包	A
3.3.2	整理装备	B
3.3.3	更换装备	A
3.4.1	选择关卡	B
3.4.2	选择难度	B
3.5.1	角色移动	A
3.5.2	角色普攻	A
3.5.3	角色释放技能	B
3.6.1	发放奖励	B

重要性分类如下:

A.必需的。绝对基本的特性,如果不包含,项目就会被取消。

B.重要的。不是基本的特性,但这些特性会影响项目的生存能力。

C.最好有的。期望的特性,但省略一个或多个这样的特性不会影响项目的生存能力。

4.4 软件设计说明书

4.4.1 简介

（1）目的

该说明书需要对系统的设计和结构进行说明，为后期的开发工作提供参考和标准。

面向读者包括用户、项目管理人员、测试人员、设计人员、开发人员。

（2）范围

①软件名称：梦境。

②软件功能：本项目主要包括"人物创建""查看背包栏""关卡及难度选择""战斗功能""奖励计算""数据处理"6 大功能，详细查看《梦境（王五小组）_Requirement Specification_v1.0》2.2 节内容。

③软件应用：本软件应用于游戏领域，是一款简单的 RPG 单机游戏。

4.4.2 概要设计

（1）第 0 层设计描述

①软件上下文定义，如图 4.20 所示。

②设计思路，如图 4.21 所示。

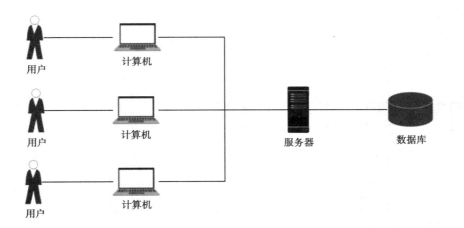

图 4.20　软件上下文定义

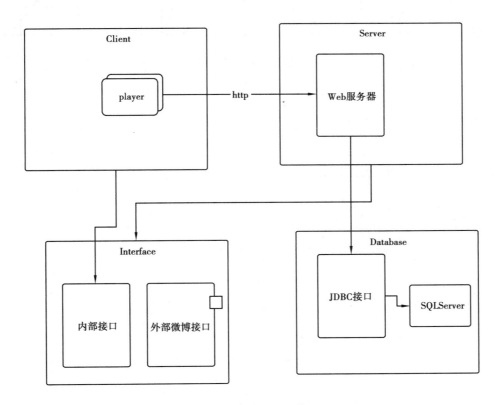

图 4.21　设计思路

(2)第 1 层设计描述

①系统结构。

- 系统功能结构描述,如图 4.22 所示。
- 总业务流程图,如图 4.23 所示。

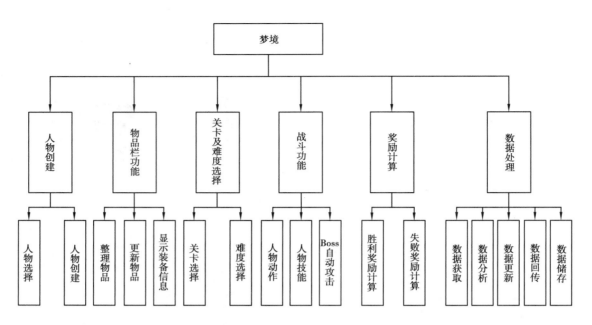

图 4.22　系统功能结构图

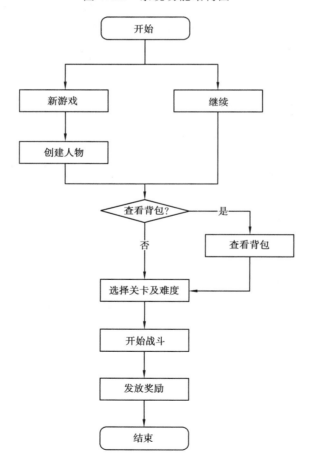

图 4.23　总业务流程图

- 创建人物子业务流程图，如图 4.24 所示。
- 物品栏功能子业务流程图，如图 4.25 所示。

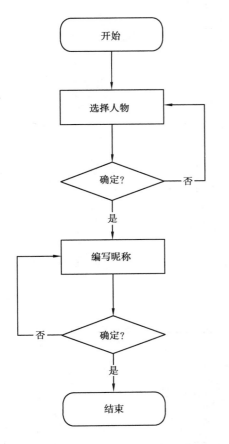

图 4.24　创建人物子业务流程图

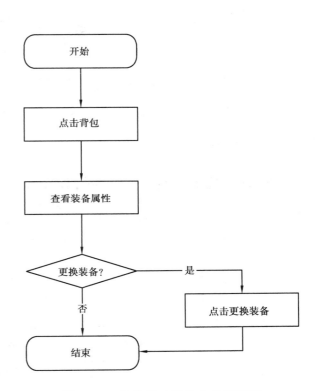

图 4.25　物品栏功能子业务流程图

- 关卡及难度选择子业务流程图，如图 4.26 所示。

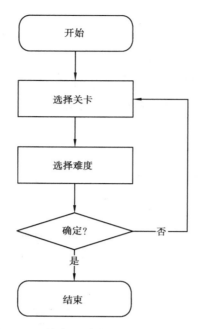

图 4.26　关卡及难度选择子业务流程图

● 战斗功能子业务流程图，如图 4.27 所示。

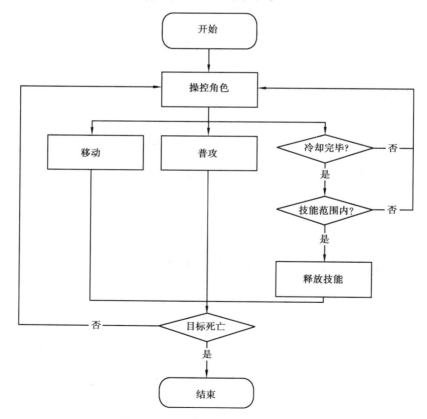

图 4.27　战斗功能子业务流程图

● 奖励发放子业务流程图,如图 4.28 所示。

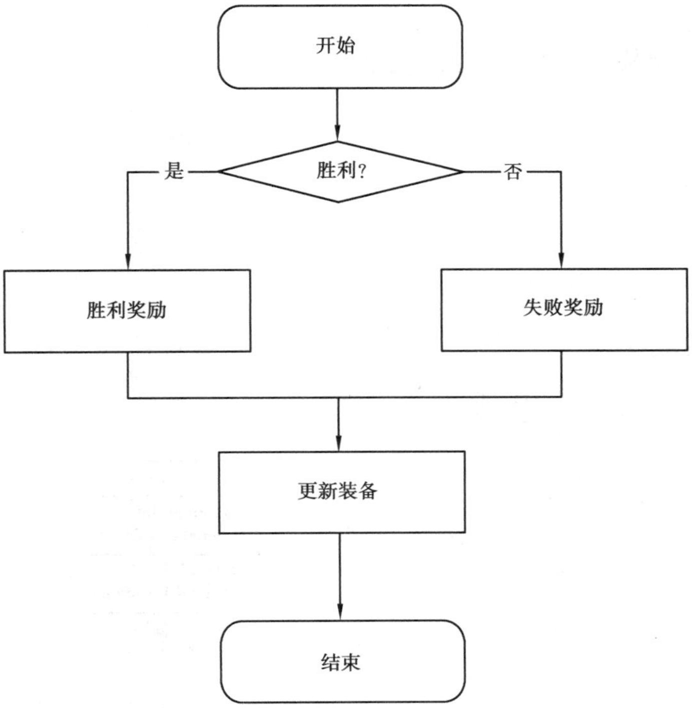

图 4.28　奖励发放子业务流程图

②分解描述。

A. 人物创建模块。

● 简介

本模块用于在玩家选择新游戏时,选择要创建的人物,并加以昵称编写,完成人物创建,同时保存到游戏准备的人物文件夹中,如果文件夹中已有一个人物文件,则覆盖此文件。

当玩家选择继续时,游戏将调用上一次创建的任务文件。

● 功能列表

人物选择和创建人物。

● 功能设计描述

本模块主要进行人物的选择以及编写昵称和创建人物。

- 类

➤ Role

调用选择的人物模型,匹配角色数据。

➤ Mud

调用人物模型。

➤ Roledata

修改昵称,匹配初始数据。

- 类与类之间的关系

人物选择类图,如图4.29所示。

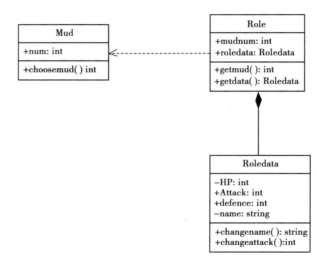

图4.29　人物选择类图

- 人物创建模块文件列表(表4.4)

表4.4　人物创建模块文件列表

名　称	类　型	存放位置	说　明
Role	C++		人物模板

- 功能实现说明(图4.30)

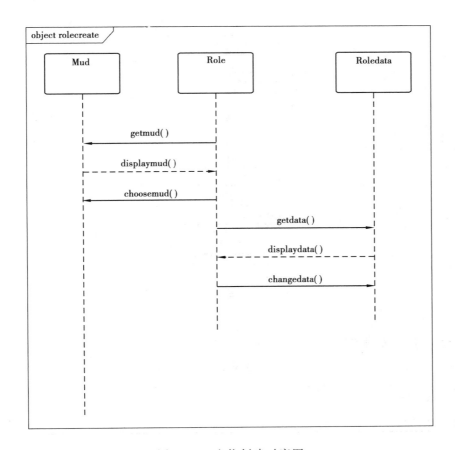

图 4.30　人物创建时序图

B.装备栏功能。

● 简介

本模块用于添加装备、储存装备和整理装备。

● 类

➢ package：用于排列和更新装备数据。

➢ equipment：用于编辑装备。

● 类与类之间的关系（图 4.31）

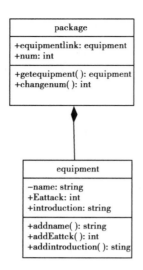

图 4.31 装备栏功能类图

- 装备栏功能文件列表(表 4.5)

表 4.5 装备栏功能文件列表

名　称	类　型	存放位置	说　明
package	C ++		背包栏功能

- 功能实现

C. 关卡及难度选择模块。

- 简介

本模块是供用户选择游戏关卡及难度的。

- 类

➢ nandu:选择关卡,选择难度,并发送到数据处理模块。

➢ processingcenter:根据关卡及难度调用 Boss 模板。

- 类与类之间的关系

- 文件列表

装备栏功能时序图,如图 4.32 所示,选择关卡及难度类图,如图 4.33 所示。选择关卡及难度功能文件列表,见表 4.6。

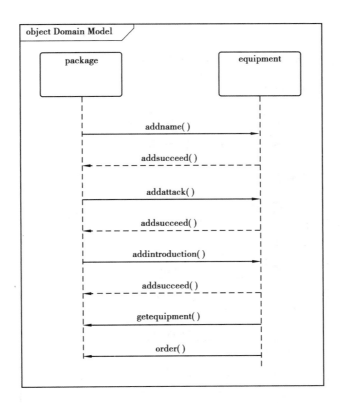

图 4.32　装备栏功能时序图

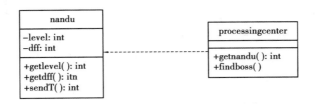

图 4.33　选择关卡及难度类图

表 4.6　选择关卡及难度功能文件列表

名　称	类　型	存放位置	说　明
nandu	C ++		难度关卡选项

- 功能实现

D. 战斗功能模块。

- 简介

本模块主要供玩家用来操控角色移动和攻击 Boss。

- 类

➤ controlR：用于操控角色的移动、普攻、释放技能。

➤ controlB：用于操控 Boss 的移动、普攻、释放技能。

➤ processingcenter：用于 Boss 与角色之间的伤害计算、血量扣除、胜负判定等。

选择关卡及难度时序图，如图 4.34 所示。

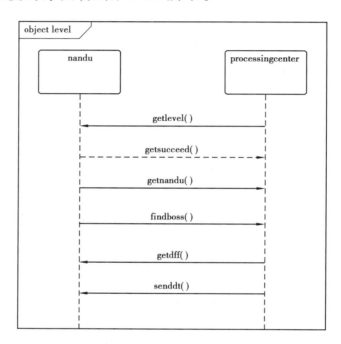

图 4.34　选择关卡及难度时序图

- 类与类之间的关系（图 4.35）

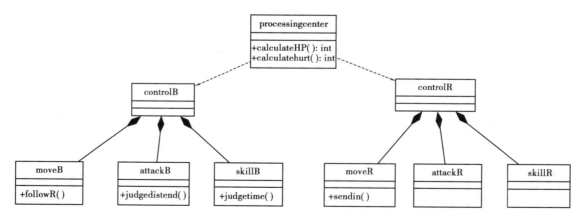

图 4.35　战斗功能类图

- 文件列表(表 4.7)

表 4.7 战斗功能文件列表

名　称	类　型	存放位置	说　明
processingcenter	C ++		战斗功能数据处理中心

- 功能实现

战斗功能时序图,如图 4.36 所示。

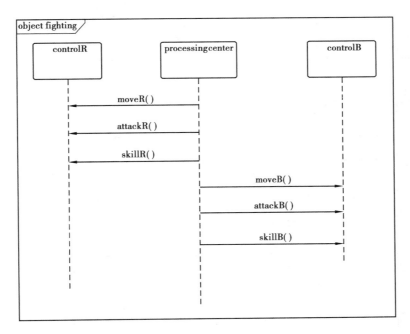

图 4.36 战斗功能时序图

E. 发放奖励模块。

- 简介

本模块用于战斗完成后根据战斗结果给玩家发放奖励。

- 类

➤ prize:将挑选的奖励物品插入背包中。

➤ equipment:添加装备信息。

➤ package:储存装备信息。

- 类与类之间的关系

发放奖励类图,如图 4.37 所示。

图 4.37　发放奖励类图

- 发放奖励功能文件列表(表 4.8)

表 4.8　发放奖励功能文件列表

名　称	类　型	存放位置	说　明
prize	C++		选择奖励

- 功能实现,发放奖励时序图(图 4.38)

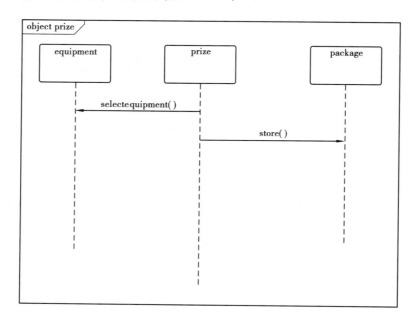

图 4.38　发放奖励时序图

③接口描述。

- Name 名称:虚幻 4 引擎接口。

- Description 说明:虚幻 4 是一套为游戏开发者设计、创建、模拟以及可视化的集成工具。

- Definition 定义:无。

4.4.3　界面设计

①开始菜单界面说明:选择新游戏,或者继续,或者退出的总菜单,如图 4.39 所示。

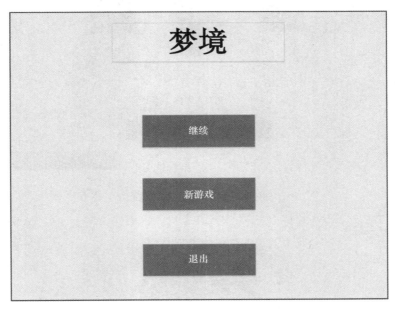

图 4.39　开始菜单界面

②角色选择界面,如图 4.40 所示。

界面说明:玩家在此处选择喜欢的角色,并编写昵称完成人物创建。

③Esc 菜单界面,如图 4.41 所示。

界面说明:在游戏中一般是按 Esc 键来弹出该菜单,显示在屏幕中间。该界面包含 3 个按钮。

主菜单:点击该按钮后返回主菜单。

继续:点击按钮后,继续游戏。

退出:点击按钮后,弹出提示菜单,询问玩家是否退出游戏。点击按钮"是"退出程序,回到桌面;点击按钮"否"提示菜单消失,继续游戏。

④加载界面,如图 4.42 所示。

界面说明:加载也称 loading 图。当玩家选中一进度后,显示该图片,同时系

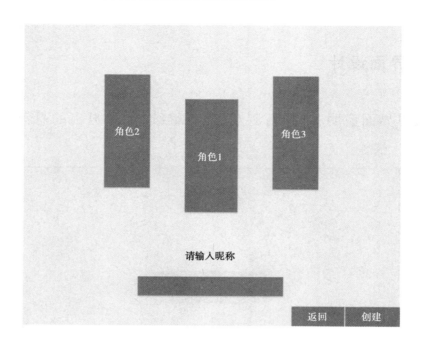

图 4.40　角色选择界面

图 4.41　Esc 菜单界面

统在后台调入进度。该系统调入完毕后图片消失,显示玩家所读取的游戏进程。

⑤游戏主界面,如图 4.43 所示。

界面说明:主界面下方的 1,2,3 统称为游戏工具条。从左至右分别为属性、物品和技能。

属性工具栏:要写明显示哪些属性,如何显示等。

84

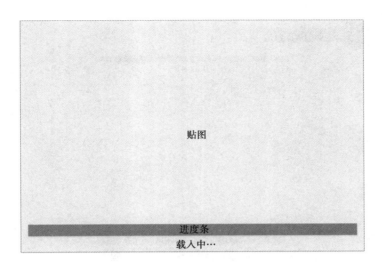

图 4.42　加载界面

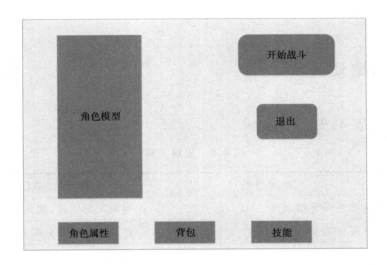

图 4.43　游戏主界面

物品工具栏:工具条的空格上可以放置哪些物品以及显示方式。

技能工具栏:说明如何把技能拖放到该工作栏的空白栏位置上及使用方式等。

⑥战斗界面,如图 4.44 所示。

界面说明:本界面作为开始战斗后的主界面,界面左上角是角色 HP,中上方是 Boss HP,中下方是技能栏,技能栏下方是快捷装备栏。

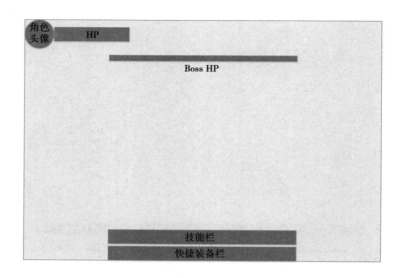

图 4.44　战斗界面

4.4.4　出错处理设计

出错处理,见表 4.9。

表 4.9　出错处理

编　号	出现错误	解决方法
1	创建角色昵称错误	提示昵称错误,确定后重新设置
2	角色昵称为空	提示请填写角色昵称
3	在非战斗场景中使用消耗道具	提示该道具无法装备

4.5　软件测试报告

4.5.1　概述

系统测试报告,说明软件测试的执行情况和软件质量,并分析缺陷原因。

4.5.2　测试时间、地点及人员

测试时间、地点及人员的测试报告表，见表4.10。

表4.10　测试报告表

测试模块	天数/天	开始时间	结束时间	人员/人
人物	5	2016-06-25	2016-06-29	2
情景	4	2016-06-27	2016-07-01	2
道具	7	2016-06-28	2016-07-04	3
总体	5	2016-07-01	2016-07-05	2
开放	5	2016-07-02	2016-07-06	3

4.5.3　环境描述

本项目的开发环境使用了 UE4 和 Maya 两个工具。

4.5.4　测试概要

（1）对测试计划的评价

测试案例设计评价：良好。

执行进度安排：分为两轮。第一轮是自己设置测试用例，共 27 个用例；第二轮是相互交叉测试，而且第二轮也有两次交叉测试。

执行情况：准确按照项目经理制订的计划执行，完成得不错。

（2）测试进度控制

①测试人员的测试效率。

● 王五：测试用例设计进度顺利（主要负责功能测试），第二轮测试相邻小组顺利完成。

● 张三:测试用例设计进度顺利(主要负责代码测试),第二轮辅助顺利。

②开发人员的修改效率。

● 李四:第一轮和第二轮累计完成数个功能 Bug 和代码 Bug。

● 孙六:第一轮和第二轮累计完成数个功能 Bug 和代码 Bug。

在原定测试计划时间内顺利完成功能符合型测试和部分系统测试,对软件实现的功能进行全面系统的测试。并对软件的安全性、易用性、健壮性各个方面进行选择性测试。使其达到测试计划的测试类型要求。

测试的具体实施情况,见表 4.11。

表 4.11 测试的具体实施

编 号	任务描述	时 间	负责人	任务状态
1	需求获取和测试计划	2016-06-20	孙六	完成
2	案例设计、评审、修改	2016-06-25	刘七	完成
3	功能点、业务流程、并发性测试	2016-06-28	刘七	完成
4	回归测试	2016-06-29	李四	完成
5	用户测试	2016-06-25	刘七	完成

4.5.5 缺陷统计

(1)测试结果统计

● Bug 修复率:第一、二、三级问题报告单的状态为 Close 和 Rejected 状态。

● Bug 密度分布统计:项目共发现 Bug 总数 8 个,其中有效 Bug 数目为 8 个,Rejected 和重复提交的 Bug 数目为 0 个。

按问题类型分类的 Bug 分布,见表 4.12。

表 4.12 按问题类型分类的 Bug 分布

问题类型	问题个数/个
代码问题	2
数据库问题	0
易用性问题	0

续表

问题类型	问题个数/个
安全性问题	0
健壮性问题	1
功能性错误	3
测试问题	0
测试环境问题	1
界面问题	1
特殊情况	0
交互问题	0
规范问题	0

注：包括状态为 Rejected 和 Pending 的 Bug。

按级别的 Bug 分布，见表 4.13。

表 4.13　按级别的 Bug 分布

严重程度	1 级	2 级	3 级	4 级	5 级
问题个数/个	1	2	2	2	1

注：不包括 Cancel。

按模块以及严重程度的 Bug 分布统计，见表 4.14。

表 4.14　按模块以及严重程度的 Bug 分布

模　块	1-Urgent	2-VeryHigh	3-High	4-Medium	5-Low	合计
人物	0	0	3	2	0	5
环境	1	0	1	0	0	2
物品	0	0	0	0	1	1
合计	1	0	4	2	1	8

注：不包括 Cancel。

（2）测试用例执行情况

测试用例执行情况，见表 4.15。

表 4.15 测试用例执行情况

需求功能名称	测试用例名称	执行情况	是否通过
人物创建	测试进入游戏时是否能创建人物	良好	通过
人物选择	测试在游戏主界面是否能够进行人物选择	良好	通过
整理物品	测试在物品栏里整理物品	良好	通过
关卡选择	测试进入游戏后能否正确选择关卡	良好	通过
难度选择	测试能否正确选择游戏难易度	良好	通过
人物动作	人物动作是否流畅运行	良好	通过
自动攻击	人物能否自动攻击	良好	通过
胜利奖励计算	胜利奖励计算是否正确	良好	通过
输出	在游戏界面找到记录并载入	良好	通过
角色坐标	测试玩家在游戏途中能否发送坐标给其他玩家	良好	通过
获取数据	在打 Boss 界面,攻击 Boss 能否获得 Boss 伤害数据	良好	通过

4.6 项目关闭总结报告

4.6.1 项目基本情况

项目基本情况,见表 4.16。

表 4.16 项目基本情况

项目名称	梦境	项目类别	C++
项目编号		采用技术	蓝图,3D 建模,AI 设计,材质纹理设计
开发环境	UE4 , Maya	运行平台	Windows 7
项目起止时间	06-20—07-09	项目地点	DS1503

项目经理	潘经理　侯经理
项目组成员	王五、张三、李四、孙六、刘七
项目描述	经历了如此多的 RPG 游戏， 是否对无止境的 FM 过程感到厌倦， 是否能跳过烦冗的前戏， 直接进入紧张刺激的 Boss 战？ 　　杂兵？ 　　小怪？ 　　刷经验？ 统统不要！！ 让我们来战个痛快！！！

4.6.2　项目的完成情况

项目总体上基础功能完成，包括如地形建模、人物建模、人物动作设计制作、人物技能特效和伤害设计制作、敌人 AI 设计制作、游戏菜单设计等。

总体代码规模一共涉及 35 个蓝图，总体代码为 5 000 行左右。

4.6.3　任务及其工作量总结

任务及其工作量总结，见表 4.17。

表 4.17　任务及其工作量总结

姓　名	职　责	负责模块	蓝图个数/个	文档页数/页
王五	组长	材质设计、菜单设计、人物建模、特效设计	14	7
张三	研发工程师	人物建模、场景建模、美工设计	1	5
李四	研发工程师	人物动作设计、敌人 AI 设计、人物控制设计	14	5
孙六	研发工程师	角色碰撞制作、伤害判定设计、菜单设计文档编写	6	57
刘七	研发工程师	美工设计、文档编写、燃尽图编写	0	13
合　计			35	87

4.6.4 项目进度

项目进度,见表4.18。

表4.18 项目进度

项目阶段	计 划		实 际		项目进度偏移/天
	开始日期	结束日期	开始日期	结束日期	
立项	2016-06-20	2016-06-21	2016-06-20	2016-06-21	0
计划	2016-06-21	2016-06-21	2016-06-21	2016-06-21	0
需求	2016-06-22	2016-06-24	2016-06-22	2016-06-24	0
设计	2016-06-24	2016-06-27	2016-06-24	2016-06-27	0
编码	2016-06-28	2016-07-07	2016-06-28	2016-07-06	1
测试	2016-07-06	2016-07-07	2016-07-06	2016-07-07	0

第**5**章
软件工程实训项目案例二:刀剑

5.1 软件项目立项

5.1.1 项目简介

《刀剑》是一款 2.5D 横轴冒险游戏,是作为一个新的独立项目而存在的。玩家需要操纵可控角色闯过游戏关卡,在关卡中,有一个角色,玩家需要用此角色和怪物战斗,并且使用可控角色解开机关才能继续前进,关卡的后面,有一个小Boss,打败它以后就能闯关成功,小伙伴获救。关卡中有一些隐藏区域,里面会放置收集品,可以收集钻石增加分数,收集回血药品增加血量值。

游戏需要闯过的关卡场景设定为森林,穿过森林后,玩家将进入最终 Boss战,此时的敌人血量值和攻击力都远远高于之前的敌人,玩家打败它以后,游戏通关胜利,成功救出小伙伴。

5.1.2 项目目标

完成可以实际进行操作游玩的游戏。

5.1.3 系统边界

游戏需要闯过的关卡场景设定为森林,玩家操作角色和怪物战斗,并且解开机关才能继续前进,关卡中有一些隐藏区域,里面会放置收集品,可以收集钻石增加分数、收集回血药品增加血量值。

5.1.4 工作量估算

工作量估算,见表 5.1。

表 5.1　工作量估算

模　块	子模块	工作量估计/(人·天$^{-1}$)	说　明
游戏功能	战斗模块	18	使玩家可以和敌人进行战斗
	道具模块	14	使玩家可以获得并使用各种类型的道具
	解密模块	18	用于各种机关
游戏关卡	场景	18	实现关卡的场景
	剧情对话	1	完成剧情对话
	敌人	18	在关卡中安排各种敌人
游戏界面	标题界面	5	完成标题界面
	HUD	5	完成 HUD
游戏音乐	背景音乐	2	设置背景音乐
	音效	3	设置背景音效
总工作量/(人·天$^{-1}$)		100	

注:"人/天"即 1 个人工作 8 h 的量就是 1 人/天。

5.1.5　开发团队组成和计划时间

①项目计划：2016 年 06 月 20 日—2016 年 07 月 10 日（计 2/3 月）。

②项目经理：1 人。

③项目成员：5 人。

5.1.6　风险评估和规避

（1）技术风险

①战斗爽快感不能达到预期程度。

②Boss 的 AI 不理想。

解决：在网上多找一些相关实例学习，阅读相关书籍。

（2）管理风险

①计划性太差，无法适应期望的开发速度。

②项目后期，小组成员由于意见不合而发生矛盾，开发停滞不前。

③项目管理人员怠工，导致计划和进度失效。

④任务的分配和人员的技能不匹配。

解决：

• 开发过程中，严格按照计划进行，每天都要进行计划跟踪报告（写工作日志）。

• 在项目前期，即需求分析与软件设计阶段，就要作好需求规格说明书以及开发计划书。

● 定期开展项目小组聚会,鼓舞士气。

● 在任务分配阶段,管理人员要准确掌握项目组人员的技术水平,合理分配任务。

(3)其他风险

①设计过于简单,考虑不仔细、不全面,导致重新设计和实现。

②功能错误导致需要重新进行设计和实现。

解决:

● 作好需求分析,根据实际情况进行系统设计与规划。

● 在系统设计阶段要真正、准确地理解需求,准确按照需求去设计系统。

5.2 软件项目计划

5.2.1 项目计划

项目计划,如图5.1所示。

5.2.2 燃尽图

燃尽图,如图5.2所示。

				项目开始日期：2016/6/20						每日估计剩余										
ID	故事/任务标题	类型	执行者	2016/6/20	2016/6/21	2016/6/22	2016/6/23	2016/6/24	PM标准	2016/6/27	2016/6/28	2016/6/29	2016/6/30	2016/7/1	PM标准	2016/7/4	2016/7/5	2016/7/6	2016/7/7	PM标准
1.1-01	制订项目计划并安排人员分工	部门	ALL	2	0	0	0	0	0	0	0	0	0	0	0	0	0	0	0	0
1.1-02	撰写需求和设计说明书	数据库	ALL	4	4	3	3	2	0	0	0	0	0	0	0	0	0	0	0	0
1.1-03	游戏功能	开发	ALL	40	40	40	40	40	40	40	37	32	28	24	20	15	9	0	0	0
1.1-04	游戏关卡	开发	ALL	32	32	32	27	22	19	14	12	12	12	11	10	10	10	5	0	0
1.1-05	游戏界面	页面	ALL	6	6	6	6	6	6	6	6	6	6	5	5	5	5	4	0	0
1.1-06	游戏音乐	页面	ALL	3	3	3	3	3	3	3	3	3	3	3	3	5	5	4	0	0
1.1-08	测试和修复	测试	ALL	3	3	3	3	3	3	3	3	3	3	3	3	3	3	3	0	0
2.1	制订项目计划并安排人员分工			2	0	0	0	0	0	0	0	0	0	0	0	0	0	0	0	0
	制订项目计划	部门		1	0	0	0	0	0	0	0	0	0	0	0	0	0	0	0	
	安排人员分工	部门		1	0	0	0	0	0	0	0	0	0	0	0	0	0	0	0	
3.1	撰写需求和设计说明书			4	4	3	3	2	0	0	0	0	0	0	0	0	0	0	0	0
	撰写需求	数据库		1	1	0	0	0	0	0	0	0	0	0	0	0	0	0	0	
	撰写设计	数据库		3	3	3	3	2	0	0	0	0	0	0	0	0	0	0	0	
4.1	游戏功能			40	40	40	40	40	40	40	37	32	28	24	20	15	9	0	0	0
	战斗模块	开发		16	16	16	16	16	16	16	14	12	10	10	8	5	2	0	0	0
	帮助模块	开发		3	3	3	3	3	3	3	2	0	0	0	0	0	0	0	0	0
	道具模块	开发		7	7	7	7	7	7	7	7	6	6	6	6	4	3	0	0	0
	解密模块	开发		14	14	14	14	14	14	14	14	14	12	8	6	6	3	0		
5.1	游戏关卡			32	32	32	27	22	19	14	12	12	12	11	10	10	10	5	0	0
	场景	开发		16	16	16	12	8	5	2	2	2	2	1	0	0	0	0	0	0
	剧情对话	开发		3	3	3	2	1	0	0	0	0	0	0	0	0	0	0	0	0
	敌人	开发		13	13	13	13	13	13	11	10	10	10	10	10	10	10	5		
6.1	游戏界面			6	6	6	6	6	6	6	6	6	6	5	5	5	5	4	0	0
	标题界面	页面		3	3	3	3	3	3	3	3	3	2	2	2	2	2	2	0	
	HUD	页面		3	3	3	3	3	3	3	3	3	3	3	3	3	3	2	0	
7.1	游戏音乐			3	3	3	3	3	3	3	3	3	3	3	3	3	3		0	0
	背景音乐	页面		1	1	1	1	1	1	1	1	1	1	1	1	1	1	0	0	
	游戏音效	页面		2	2	2	2	2	2	2	2	2	2	2	2	2	2	0	0	
8.1	测试和修复			3	3	3	3	3	3	3	3	3	3	3	3	3	3	3	0	0
	测试	测试		2	2	2	2	2	2	2	2	2	2	2	2	2	2	2	0	
	修复	测试		1	1	1	1	1	1	1	1	1	1	1	1	1	1	1	0	
	全部计算剩余			90	88	87	82	76	71	66	61	56	51	46	41	36	30	12	0	
	工作日	13		1	1	1	1	1		1	1	1	1	1		1	1	1	1	
	预计燃烧增量(每个工作日)	6.923076923																		
	预计燃烧轨道			90	83	76	69	62	62	55	48	42	35	28	28	21	14	7	0	0

图 5.1　项目计划

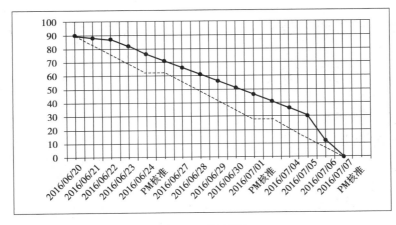

图 5.2　燃尽图

5.3　软件需求规格说明书

5.3.1　简介

（1）目的

该软件需求规格说明书是关于刀剑游戏用户对刀剑游戏的游戏功能和游戏性能的要求描述，该说明书的预期读者为：

- 游戏用户；
- 项目管理人员；
- 游戏测试人员；
- 游戏设计人员；
- 游戏开发人员。

这份游戏软件需求规格说明书重点描述刀剑游戏的功能需求，明确所要开发的游戏应具有的游戏背景、游戏功能、游戏关卡、游戏性能、游戏界面等元素，使系统分析员以及软件开发人员能够清楚地了解用户的需求。

（2）范围

该软件需求规格说明书是从用户需求层面对项目模块进行一定的描述，具体包括的内容如下：

- 项目的概述；
- 项目环境的描述；
- 用户特征的描述；
- 界面布局；
- 软件功能要求；
- 性能要求；

● 接口要求。

对具体的实现方法和程序逻辑,将在概要设计和详细设计中进行描述。

5.3.2　总体概述

(1) 软件概述

1) 项目介绍

《刀剑》是一款单机冒险类游戏。玩家需要操纵可控角色闯过游戏关卡,在关卡中,有一个角色玩家需要用此角色和怪物战斗,并且使用可控角色解开机关才能继续前进,关卡的后面有一个小 Boss,打败它以后就能闯关成功,小伙伴获救。关卡中有一些隐藏区域,里面会放置收集品,可以收集钻石增加分数、收集回血药品增加血量值。

游戏需要闯过的关卡场景设定为森林,穿过森林后,玩家将进入最终 Boss战,此时的敌人血量值和攻击力都远远高于之前的敌人,玩家打败它们后,游戏通关胜利,成功救出小伙伴。

2) 项目环境介绍

首先,本项目是完全独立运行的。

其次,本项目的发布需要具备 Windows XP 及以上的 PC 系统,并且有固定的 IP。

本项目发布之后,可以在 PC 端直接运行。

(2) 软件功能

系统功能结构,如图 5.3 所示。

本款游戏应用主要包括 4 项功能模块,即游戏功能、游戏关卡、游戏界面、游戏音乐。

● 游戏功能:实现战斗、道具、解密功能。

● 游戏关卡:包括每个关卡的场景、敌人以及剧情对话。

● 游戏界面:包括标题界面和场景中的 HUD。

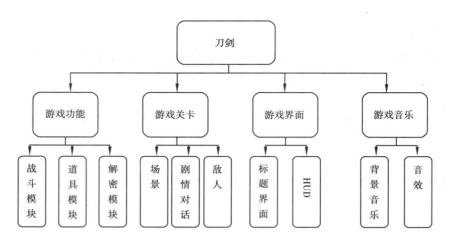

图 5.3 系统功能结构图

- 游戏音乐:背景音乐及音效。

(3)用户特征

- 用户角色:玩家。
- 用户要求:能读懂文字,理解游戏解说文字段。
- 用户操作要求:会使用计算机,且能进行鼠标、键盘操作。
- 用户经验要求:无。

(4)假设关系

- 人力方面的假设
➢ 项目开发组 5 个成员积极参与工作;
➢ 项目任务分工合理。
- 时间方面的假设
➢ 从立项到交付项目一共 21 天。
➢ 时间安排合理,每个时间段的任务交付顺利。
- 法律政策方面的假设
➢ 游戏内容无违法内容。
➢ 游戏开发过程以及用户使用过程在法律政策的允许范围内。
- 开发环境

使用 Unity，Visual Studio 2015。

5.3.3　具体需求

（1）**系统用例**

系统总用例图，如图 5.4 所示。

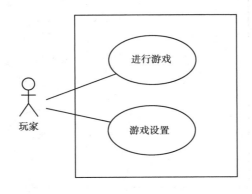

图 5.4　系统总用例图

（2）**进行游戏**

①进行游戏功能简介：玩家在实际进行游戏时，可进行操作的各种功能，是整个游戏的核心部分。其中包括战斗、行走、拾取道具、剧情对话、破解机关。

②"进行游戏"具体用例，如图 5.5 所示。

③战斗。

• 介绍

战斗是玩家与敌人进行战斗的功能。需要对玩家的战斗操作作出相应的响应。

• 输入

输入来源：键盘。

输入的参数数据集：按键响应。

• 处理

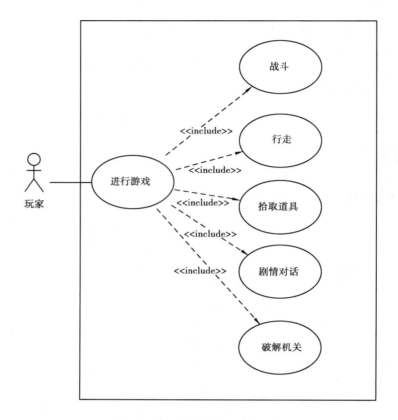

图 5.5 "进行游戏"具体用例

"战斗用例"活动图,如图 5.6 所示。

• 输出

输出:角色作出按键对应动作。

时间要求:0.5 s内作出反应。

包含精确度和容忍度的有效输出范围:待定。

④行走。

• 介绍

行走是玩家进行移动的功能。需要对玩家的移动操作作出相应的响应。

• 输入

输入来源:键盘。

输入键类型及对应功能:J——轻攻击;I——重攻击;L——特技。

输入的参数数据集:按键响应。

• 处理

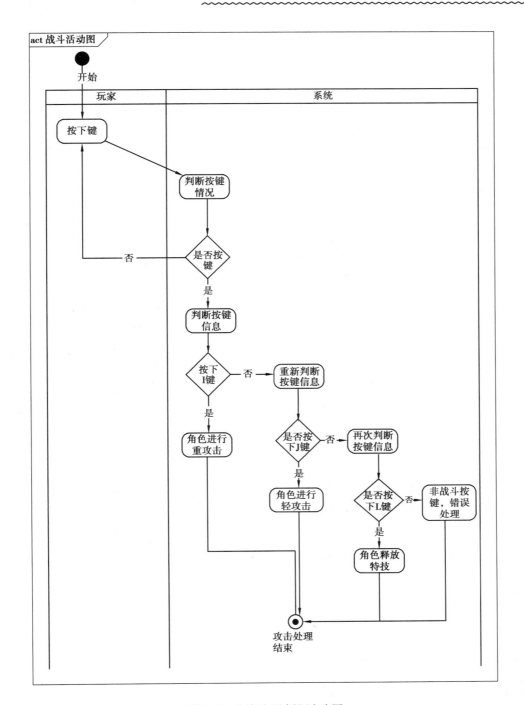

图 5.6　"战斗用例"活动图

"行走"用例活动图,如图 5.7 所示。

● 输出

输出:角色作出按键的对应动作。

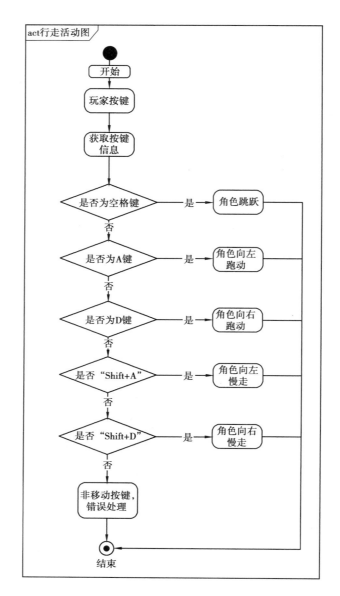

图 5.7 "行走"用例活动图

时间要求:0.5 s内作出反应。

包含精确度和容忍度的有效输出范围:待定。

⑤拾取道具。

● 介绍

拾取道具是玩家与道具进行交互的功能。需要对玩家的拾取操作作出相应的响应。

● 输入

输入来源：键盘。

输入的参数数据集：按键响应。

- 处理

"拾取道具"用例活动图，如图 5.8 所示。

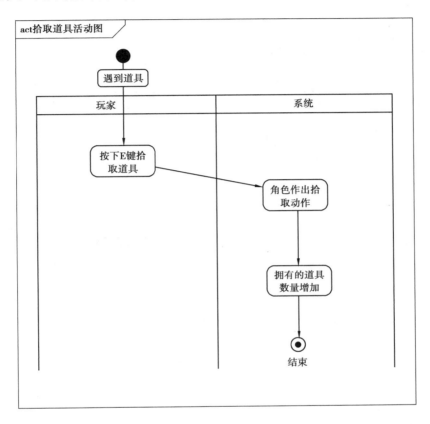

图 5.8　"拾取道具"用例活动图

- 输出

输出：角色作出按键对应动作，道具数量改变。

时间要求：0.5 s 内作出反应。

包含精确度和容忍度的有效输出范围：待定。

⑥剧情对话。

- 介绍

剧情对话是玩家进行剧情的功能。

- 输入

输入来源:键盘。

输入的参数数据集:按键响应。

● 处理

"情景对话"用例活动图,如图5.9所示。

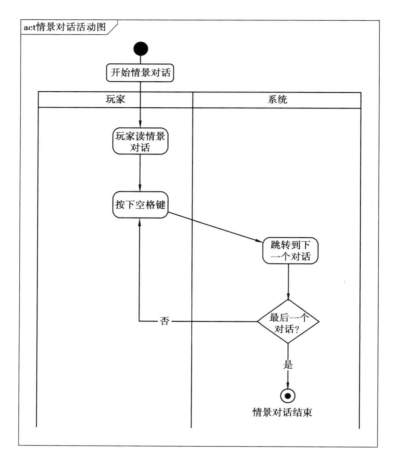

图5.9　"情景对话"用例活动图

● 输出

输出:对话前进到下一句。

时间要求:0.5 s内作出反应。

包含精确度和容忍度的有效输出范围:待定。

⑦破解机关。

● 介绍

破解机关是玩家解除地图上的机关功能。

- 输入

输入来源:键盘。

输入的参数数据集:按键响应。

- 处理

"破解机关"用例活动图,如图 5.10 所示。

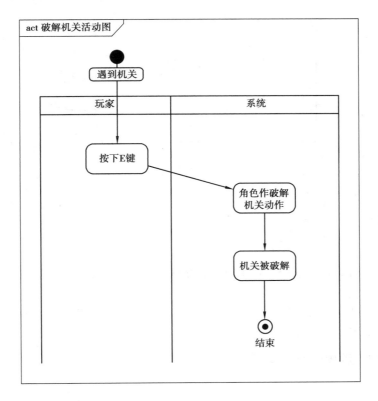

图 5.10 "破解机关"用例活动图

- 输出

输出:角色作出按键对应动作,机关状态改变。

时间要求:0.5 s 内作出反应。

包含精确度和容忍度的有效输出范围:待定。

(3)游戏设置

①游戏设置功能简介。

游戏设置功能是对一些游戏参数进行设置,其中包括设置音乐和设置音效。

②游戏设置系统用例。

游戏设置功能如图 5.11 所示。

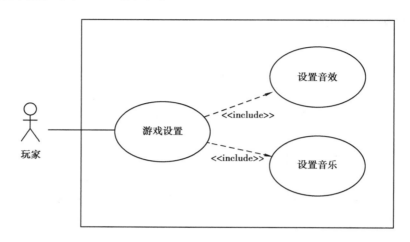

图 5.11　游戏设置功能图

③设置音效。

● 介绍

设置音效是对游戏音效的大小进行设置。

● 输入

输入来源:鼠标。

输入的参数数据集:按键响应。

● 处理

● 输出

输出:音效大小作出对应调整。

时间要求:0.5 s内。

包含精确度和容忍度的有效输出范围:待定。

④设置音量。

● 介绍

设置音量是对游戏背景音乐的音量大小进行设置。

● 输入

输入来源:鼠标。

输入的参数数据集:按键响应。

● 处理

"设置音量"用例活动图,如图 5.12 所示。

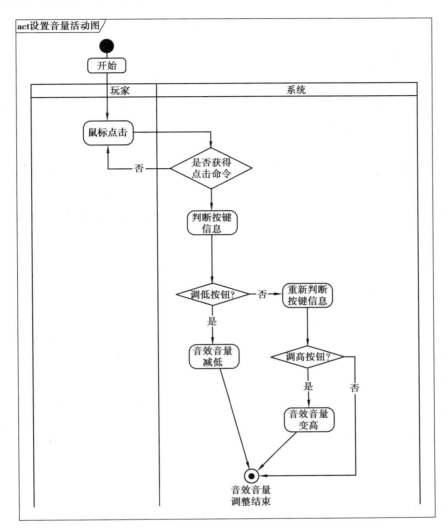

图 5.12　"设置音量"用例活动图

● 输出

输出:音量大小作出对应调整。

时间要求:0.5 s 内作出反应。

包含精确度和容忍度的有效输出范围:待定。

5.3.4　性能需求

（1）时间性能需求

本系统为单机游戏,即同一时刻同一台计算机上只能接收一个玩家。
响应速度:0.5 s 内作出响应。

（2）系统开放性需求

本项目基于 Windows 系统设计,只能运行在 Windows 的计算机端,不具备可移植性,但可以根据需求进行功能上的扩充。

（3）界面友好性需求

系统界面应符合以下标准:
- 风格统一。
- 操作简洁。
- 指令清楚。
- 操作流清晰。
- 布局大方。

（4）系统可用性需求

为保证系统可用性,系统应符合以下标准:
- 较快的响应速度(0.5 s 内)。
- 高可用性,系统可用性在 99% 以上。
- 数据有效性,应尽量保证提供的数据和信息都是有价值的,避免冗余或无用的数据。
- 系统健壮性,在系统出错时应提供相应的回避或处理机制,避免当机或程序崩溃。
- 灾难恢复,如果因为外界原因使系统出现问题,系统的主要功能可以恢复原状。

- 可靠性,系统在指定的时间段以及指定条件下可以提供预期的功能。

(5)可管理性需求

系统应严格按照相关文档进行开发,同时在开发过程中应严格执行需求控制和追踪。

5.3.5　接口需求

(1)用户接口

游戏运行环境为 PC 端。

- 游戏主页面内容,如图 5.13 所示。

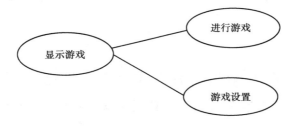

图 5.13　游戏主页面内容

- 进行游戏,如图 5.14 所示。

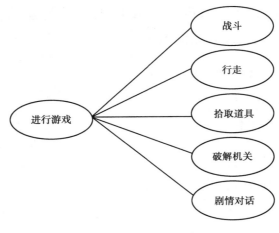

图 5.14　进行游戏

● 游戏设置界面,如图 5.15 所示。

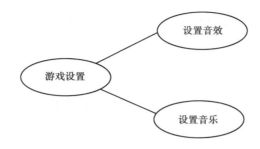

图 5.15　游戏设置界面

（2）软件接口

软件接口：Visual Studio 2015 和 Unity 3D 5.3.5f1。

5.3.6　总体设计约束

（1）标准符合性

刀剑 Spark 在报告格式、数据命名方式上应严格遵循《软酷卓越实验室 COE 技术要求规范》和《软酷卓越实验室 COE 编程规范要求》规范。

（2）硬件约束

①开发者硬件约束：

● 开发环境：计算机具有 Windows 7 及以上系统且运行正常。
● 开发工具：Unity，Visual Studio 2015。
● 处理器：Intel（R） Celeron（R）以上。
● 显卡：集成显卡或独立显卡。
● 硬盘容量：10 GB 以上。
● 内存容量：5 GB 以上。
● 显示器：800×600 分辨率或者更高。

②用户硬件约束：

- 操作环境：计算机具有 Windows 7 及以上系统且运行正常。
- 处理器：Intel(R) Celeron(R) 以上。
- 显卡：集成显卡或独立显卡。
- 硬盘容量：至少 1 GB。
- 内存容量：至少 1 GB。
- 显示器：800 × 600 分辨率或者更高。

（3）**技术限制**

- 并行操作：保证数据的正确性和完备性。
- 编程规范：C#编程规范。

5.3.7　软件质量特性

（1）**可靠性**

- 适应性：保证该游戏系统在原有的基础功能上进行新功能的扩充。
- 容错性：在系统崩溃、内存不足的情况下，不造成该游戏系统的功能失效，可正常关闭和重启。

（2）**易用性**

系统界面应符合以下易用性标准：

- 界面跳转安排合理。
- 操作流顺畅。
- 界面元素功能表达清晰。
- 操作简洁。

5.3.8 需求分级

需求分级,见表5.2。

表5.2 需求分级

需求 ID	需求名称	需求分级
1.1.1	战斗模块	A
1.1.2	道具模块	A
1.1.3	帮助模块	C
1.1.4	场景	A
1.1.5	剧情对话	A
1.1.6	敌人	A
1.2.1	标题界面	A
1.2.2	HUD	A
1.2.3	背景音乐	A
1.2.4	音效	A

重要性分类如下:

A. 必需的:绝对基本的特性;如果不包含,项目就会被取消。

B. 重要的:不是基本的特性,但这些特性会影响项目的生存能力。

C. 最好有的:期望的特性,但省略一个或多个这样的特性不会影响项目的生存能力。

5.4 软件设计说明书

5.4.1 简介

(1)目的

本文需要对系统的设计和结构进行说明,为后期的开发工作提供参考和标准,面向的读者包括:

- 用户。
- 项目管理人员。
- 设计人员。
- 开发人员。
- 测试人员。

(2)范围

①软件名称:刀剑。

②软件功能:《刀剑》是一款2.5D横轴冒险游戏,主要有4个核心功能:游戏功能、游戏关卡、游戏界面、游戏音乐。参见5.3软件需求规格说明书。

③软件应用:《刀剑》是一款2.5D横轴冒险游戏,是作为一个新的、独立的项目而存在的。玩家需要操纵可控角色闯过游戏关卡,在关卡中,有一个角色,玩家需要用此角色和怪物战斗,并使用可控角色解开机关才能继续前进,关卡的最后,有一个小Boss,打败它以后就能闯关成功,小伙伴获救。关卡中有一些隐藏区域,里面会放置收集品,可以收集钻石增加分数、收集回血药品增加血量值。

游戏需要闯过的关卡场景设定为森林,穿过森林后,玩家将进入最终 Boss战,此时的敌人血量值和攻击力都远远高于之前的敌人,玩家打败它之后,游戏通关胜利,成功救出小伙伴。

5.4.2　概要设计

（1）第 0 层设计描述

①软件系统上下文定义。本系统是基于 Unity 3D 5.3.5f1 设计开发的一款 PC 端游戏,发布之后可直接在计算机上运行。

②设计思路。架构设计思路、层与层之间的关系,可用包图等描述。

（2）第 1 层设计描述

1）系统结构

①系统结构描述,分别如图 5.16、图 5.17 和图 5.18 所示。

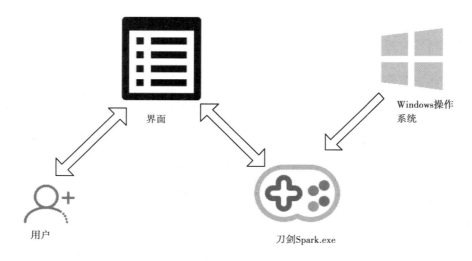

图 5.16　系统环境图

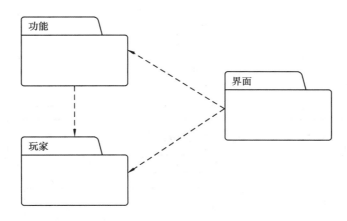

图 5.17 系统包图

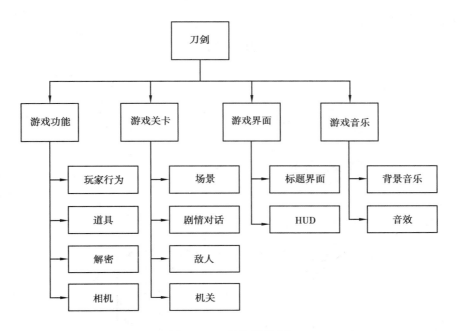

图 5.18 系统结构图

②系统流程说明,如图 5.19 所示。

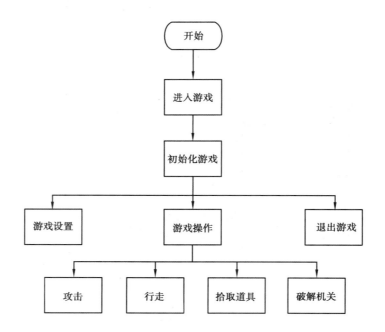

图 5.19　系统流程图

2）游戏设置业务流程图

①音效设置业务流程图，如图 5.20 所示。

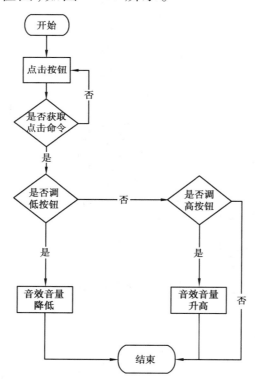

图 5.20　音效设置业务流程图

②音量设置业务流程图，如图 5.21 所示。

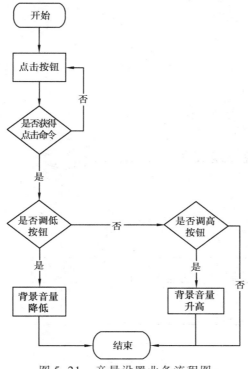

图 5.21　音量设置业务流程图

③攻击业务流程图，如图 5.22 所示。

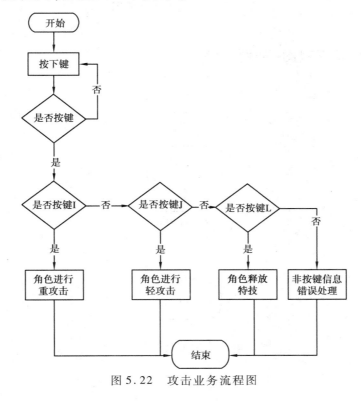

图 5.22　攻击业务流程图

④行走业务流程图,如图5.23所示。

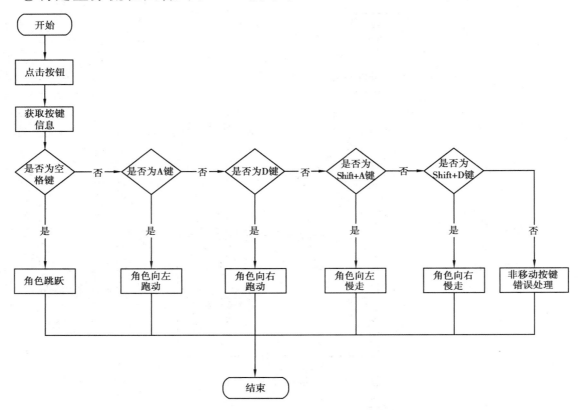

图5.23　行走业务流程图

⑤拾取道具业务流程图,如图5.24所示。

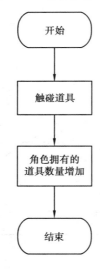

图5.24　拾取道具业务流程图

⑥破解机关业务流程图,如图 5.25 所示。

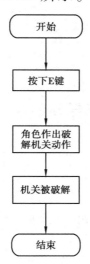

图 5.25　破解机关业务流程图

⑦剧情对话业务流程图,如图 5.26 所示。

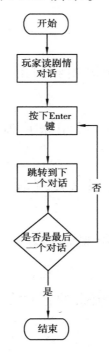

图 5.26　剧情对话业务流程图

（3）**分解描述**

1）游戏功能

● 简介

本模块通过获取玩家从键盘或鼠标的输入,系统地作出相应的游戏功能反应,并呈现在游戏界面中。

● 功能列表

● 玩家行为

角色对玩家的行为作出跑或走的特定反应。

● 道具拾取

角色拾取道具,道具数量改变。

● 解密

玩家通过键盘操作进行解密,游戏系统呈现角色解密的特定反应。

①玩家行为模块。

● 功能设计描述

本模块负责对特定玩家行为作出相应的角色反应。

● 类

➢ PlayerBehavior:PlayerBehavior 类用来控制玩家的各种行为,包括行走、奔跑、跳跃和行为音效。

➢ PlayerAttack:PlayerAttack 类用来控制玩家的攻击行为,包括轻攻击、重攻击、防御、闪躲、必杀技、连击。

➢ PlayerStatus:PlayerStatus 类用来管理玩家的状态信息,包括血量、攻击力、防御力、异常状态。

➢ GetKey:GetKey 类用来获取玩家的按键信息,根据不同的按键信息将消息传送给不同的类。

● 类与类之间的关系

玩家行为模块类图,如图 5.27 所示。

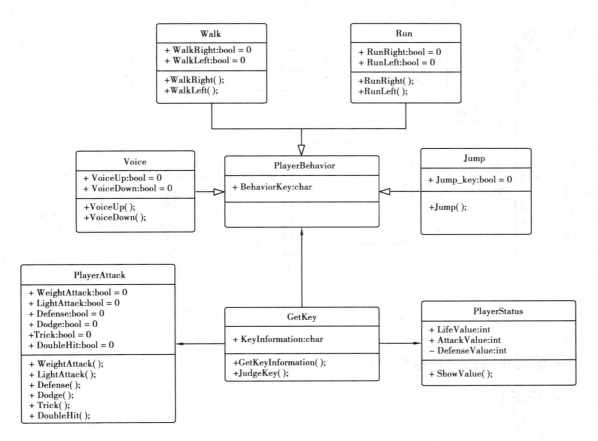

图 5.27　玩家行为模块类图

- 文件列表(表 5.3)

表 5.3　文件列表

名　称	类　型	存放位置	说　明
PlayerBehavior.cs	Visual C# Source file	ToukenSparkt/Assets/Scripts/ Player/ PlayerBehavior.cs	控制玩家行为
PlayerAttack.cs	Visual C# Source file	ToukenSparkt/Assets/Scripts/ Player/PlayerAttack.cs	控制玩家攻击
PlayerStatus.cs	Visual C# Source file	ToukenSparkt/Assets/Scripts/ Player/PlayerStatus.cs	管理玩家状态

- 功能实现说明
- 玩家行为顺序图(图 5.28)

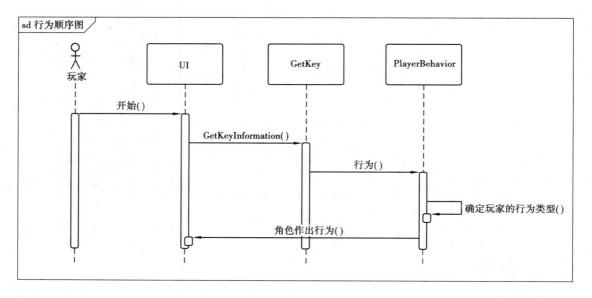

图 5.28　玩家行为顺序图

● 玩家状态信息控制顺序图(图 5.29)

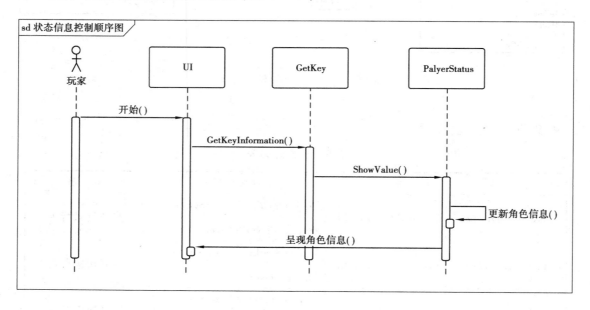

图 5.29　玩家状态信息控制顺序图

● 玩家攻击过程顺序图(图 5.30)

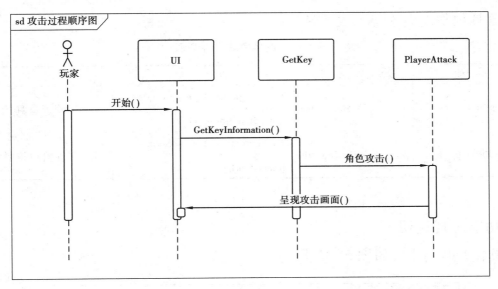

图 5.30　玩家攻击过程顺序图

②道具模块。

· 功能设计描述

道具模块用于表示角色道具信息。

· 类

➢ ItemStatus：ItemStatus 类用于管理道具的状态，包括道具属性、收集道具分值。

➢ PickUp：PickUp 类用于拾取道具。

· 类与类之间的关系

道具模块类图，如图 5.31 所示。

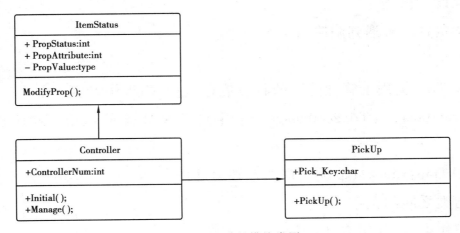

图 5.31　道具模块类图

● 道具模块文件列表（表 5.4）

表 5.4 道具模块文件列表

名 称	类 型	存放位置	说 明
ItemStatus. cs	Visual C# Source file	ToukenSparkt/Assets/Scripts/ Item/ItemStatus. cs	用于管理道具状态
PickUp	Visual C# Source file	ToukenSparkt/Assets/Scripts/ Item/PickUp. cs	用于实现拾取道具动作

● 功能实现说明

道具模块顺序图,如图 5.32 所示。

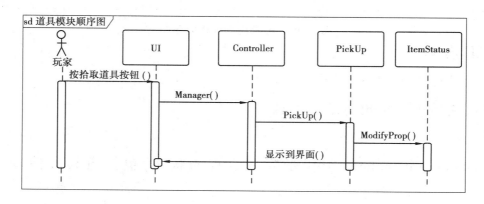

图 5.32 道具模块顺序图

③解密模块。

● 功能设计描述

本模块负责玩家遇到陷阱后解密。

● 类

➤ Trap:Trap 类用于管理陷阱的状态信息,包括陷阱伤害值。

➤ TriggerManager:TriggerManager 类用于管理机关的状态,包括机关破解程度。

➤ CrackTrap:CrackTrap 类实现角色破解动作。

● 类与类之间的关系

解密模块类图,如图 5.33 所示。

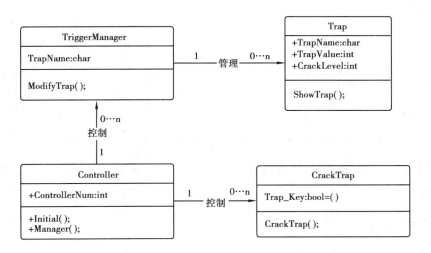

图 5.33　解密模块类图

● 解密模块文件列表(表 5.5)

表 5.5　解密模块文件列表

名　称	类　型	存放位置	说　明
Trap. cs	Visual C# Source file	ToukenSparkt/Assets/Scripts/TT	管理陷阱的状态信息
TriggerManager. cs	Visual C# Source file	ToukenSparkt/Assets/Scripts/TT	Trigger 类用于管理机关的状态

● 功能实现说明

解密模块顺序图，如图 5.34 所示。

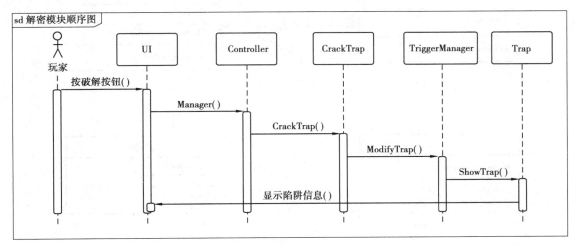

图 5.34　解密模块顺序图

2）游戏关卡

● 简介

此模块管理每个关卡的敌人、机关的相关信息。

● 功能列表

敌人：控制敌人的行为，包括行走、攻击等。

机关：包括机关的触发、启动音效和反应等。

①敌人模块。

● 功能设计描述

此模块描述敌人的信息。

● 类

➢EnemyBehavior：EnemyBehavior 类用来控制敌人的各种行为，包括行走、攻击等。

➢EnemyStatus：EnemyStatus 类用来管理敌人的状态，包括血量、攻击力、防御力。

➢EnemyManager：EnemyManager 类用来管理敌人的生成。

● 类与类之间的关系

敌人类图，如图 5.35 所示。

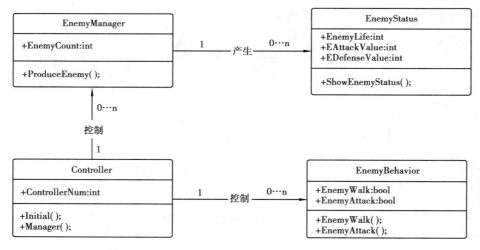

图 5.35　敌人类图

● 敌人模块文件列表(表5.6)

表5.6　敌人模块文件列表

名　称	类　型	存放位置	说　明
EnemyBehavior.cs	Visual C# Source file	ToukenSparkt/Assets/Scripts/ Enemy/EnemyBehavior.cs	控制敌人行为
EnemyStatus.cs	Visual C# Source file	ToukenSparkt/Assets/Scripts/ Enemy/EnemyStatus.cs	管理敌人状态
EnemyManager.cs	Visual C# Source file	ToukenSparkt/Assets/Scripts/ Enemy/EnemyManager.cs	管理敌人生成

● 功能实现说明

敌人模块顺序图,如图5.36所示。

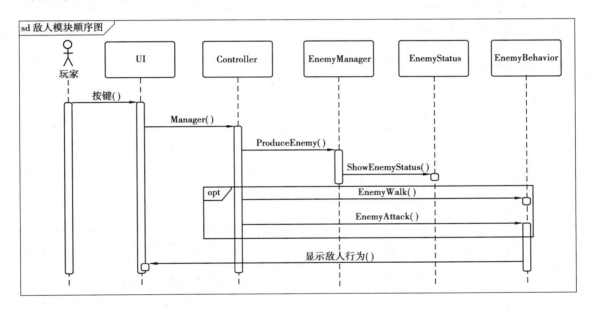

图5.36　敌人模块顺序图

②机关模块。

● 功能设计描述

此模块描述机关的相关信息。

● 类

➢ Trigger:Trigger 类用来控制机关的行为,包括触发反应、启动音效。

➢ 类与类之间的关系,如图 5.37 所示。

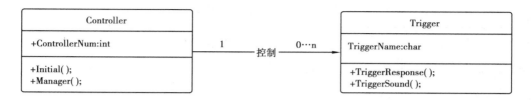

图 5.37　机关模块类图

● 机关模块文件列表(表 5.7)

表 5.7　机关模块文件列表

名　称	类　型	存放位置	说　明
Trigger.cs	Visual C# Source file	ToukenSparkt/Assets/Scripts/ TT/ Trigger.cs	控制机关行为

● 功能实现说明(图 5.38)

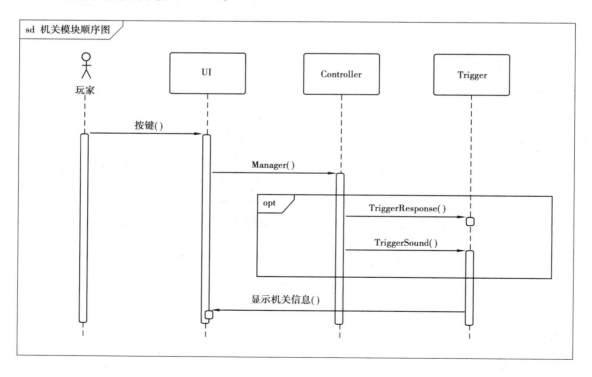

图 5.38　机关模块顺序图

③游戏界面

● 简介

130

此模块显示游戏界面的信息。

- 功能列表

HUD：计算并显示玩家道具信息。

HUD 模块：

- 功能设计描述

此模块用于在游戏界面显示玩家的道具信息、道具数量等。

- 类

➢ PropManager：PropManager 类用来计算玩家收集的道具数量并显示。

- 类与类之间的关系

HUD 模块类图，如图 5.39 所示。

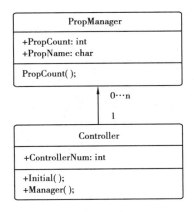

图 5.39　HUD 模块类图

- HUD 模块文件列表（表 5.8）

表 5.8　HUD 模块文件列表

名　称	类　型	存放位置	说　明
PropManager.cs	Visual C# Source file	ToukenSparkt/Assets/Scripts/ Item/PropManager.cs	计算玩家收集的道 具数量并显示

- 功能实现说明

HUD 模块顺序图，如图 5.40 所示。

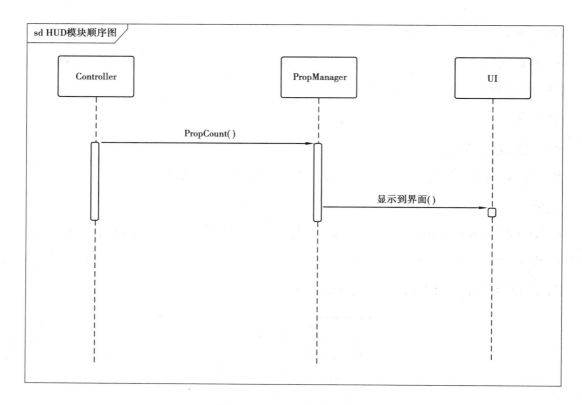

图 5.40　HUD 模块顺序图

（4）**接口描述**

1）用户接口

①主界面。

背景图:未定。

背景音乐:未定。

游戏音效(如按键音效等):未定。

主界面按钮及功能,见表 5.9。

表 5.9　主界面按钮及功能

按钮名称	按钮功能
开始游戏	进入游戏
游戏设置	设置游戏元素
音乐	打开/关闭音乐
退出游戏	结束游戏

②场景-森林。

背景图:森林。

背景音乐:未定。

人物:两个角色,任选其一;人物具体设计未定。

障碍:杂兵和机关(每个场景不同)。

操作:未定。

③场景-河流。

背景图:河流。

背景音乐:未定。

人物:两个角色,任选其一;人物具体设计未定。

障碍:杂兵和机关(每个场景不同)。

操作:未定。

④场景-火山。

背景图:火山。

背景音乐:未定。

人物:两个角色,任选其一;人物具体设计未定。

障碍:杂兵和机关(每个场景不同)。

操作:未定。

⑤闯关成功界面。

背景图:未定。

背景音乐:未定。

游戏音效(如按键音效等):未定。

闯关成功界面按钮及功能,见表 5.10。

表 5.10　闯关成功界面按钮及功能

按钮名称	按钮功能
下一关	进入下一关
音乐	打开/关闭音乐
退出游戏	结束游戏

⑥闯关失败界面。

背景图：未定。

背景音乐：未定。

游戏音效（如按键音效等）：未定。

闯关失败界面按钮及功能，见表5.11。

表5.11 闯关失败界面按钮及功能

按钮名称	按钮功能
重新闯关	进入游戏第一关，重新闯关
音乐	打开/关闭音乐
退出游戏	结束游戏

⑦进入最终 Boss 战界面。

背景图：未定。

背景音乐：未定。

游戏音效（如按键音效等）：未定。

进入最终 Boss 战界面按钮及功能，见表5.12。

表5.12 进入最终 Boss 战界面按钮及功能

按钮名称	按钮功能
选择角色	在两个可选角色中选择喜爱的游戏角色
进入决战	进入最终决战，与 Boss 对打
音乐	打开/关闭音乐
退出游戏	结束游戏

⑧成功打败 Boss 界面。

背景图：未定。

背景音乐：未定。

游戏音效（如按键音效等）：未定。

成功打败 Boss 战界面按钮及功能，见表5.13。

表 5.13 成功打败 Boss 战界面按钮及功能

按钮名称	按钮功能
音乐	打开/关闭音乐
退出游戏	结束游戏

⑨未能成功打败 Boss 界面。

背景图:未定。

背景音乐:未定。

游戏音效(如按键音效等):未定。

未能成功打败 Boss 战界面按钮及功能,见表 5.14。

表 5.14 未能成功打败 Boss 战界面按钮及功能

按钮名称	按钮功能
重新闯关	进入游戏第一关,重新闯关
音乐	打开/关闭音乐
退出游戏	结束游戏

2)软件接口

Unity 3D,Visual Studio 2015。

5.4.3 界面设计

(1)界面 1-开始界面

界面说明:此界面将作为游戏开始界面,按下 Enter 键即可开始游戏,如图 5.41所示。

图 5.41 开始界面

（2）界面 2-闯关成功

界面说明：此界面仅为界面元素布局，灰色的地方为界面背景，方框中的文字为闯关成功的提示信息及选项，如图 5.42 所示。

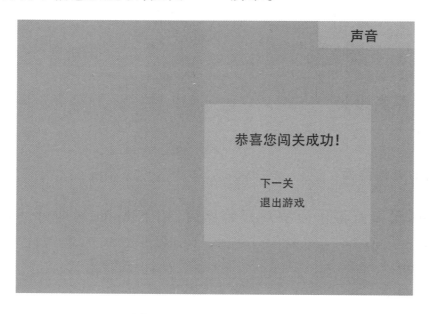

图 5.42 闯关成功界面原图

（3）**界面 3-闯关失败**

界面说明：此界面仅为界面元素布局，灰色的地方为界面背景，方框中的文字为闯关失败的提示信息及选项，如图 5.43 所示。

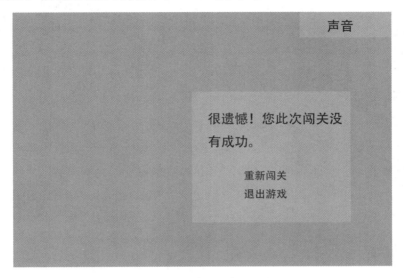

图 5.43　闯关失败界面原图

（4）**界面 4-最终 Boss 战**

界面说明：此界面仅为界面元素布局，灰色的地方为界面背景，方框中的文字为进入最终 Boss 战的提示信息及选项，如图 5.44 所示。

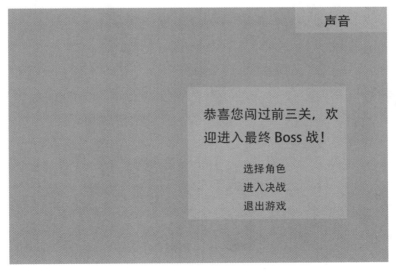

图 5.44　最终 Boss 战界面原图

（5）**界面 5-打 Boss 成功**

界面说明：此界面仅为界面元素布局，灰色的地方为界面背景，方框中的文字为打败 Boss 后的提示信息及选项，如图 5.45 所示。

图 5.45　战胜 Boss 界面

（6）**界面 6-打 Boss 失败**

界面说明：此界面仅为界面元素布局，灰色的地方为界面背景，方框中的文字为被 Boss 打败的提示信息及选项，如图 5.46 所示。

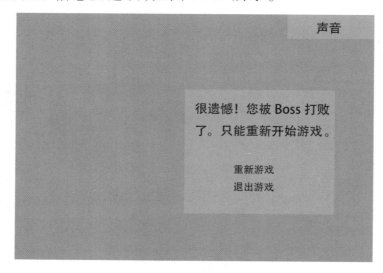

图 5.46　打 Boss 失败界面

5.4.4　出错处理设计

可能的出错或故障情况及解决方法，见表 5.15。

表 5.15　可能的出错或故障情况及解决方法

序　号	出错或故障情况	解决方法
1	人物异常且不能操控	退到开始界面重新开始
2	突然断电	使用其他电源
3	界面卡住	退出重新开始
4	障碍物变成路面	退出重新开始

其他注意事项：
- 在硬件方面要保证机器能够安装程序并能稳定运行。
- 如果无法重新打开游戏，只能关闭游戏进行抢修。

5.5　软件测试报告

5.5.1　概述

系统测试报告，说明软件测试的执行情况和软件质量，并分析缺陷原因。

5.5.2　测试时间、地点及人员

测试时间、地点及人员的测试报告，见表 5.16。

表 5.16　测试报告表

测试模块	天数/天	开始时间	结束时间	人　员
声音模块	1	2016-07-01	2016-07-01	吴一
记录保存读取	1	2016-07-01	2016-07-01	张二
游戏开始	1	2016-07-01	2016-07-01	张三
关卡选择	1	2016-07-01	2016-07-01	张四
小怪模块	2	2016-07-02	2016-07-03	吴一
Boss 模块	2	2016-07-02	2016-07-03	张二
机关模块	2	2016-07-02	2016-07-03	张三
道具模块	2	2016-07-02	2016-07-03	张四
金钱模块	2	2016-07-03	2016-07-04	张二
行走状态模块	2	2016-07-03	2016-07-04	张三
游戏状态模块	2	2016-07-03	2016-07-04	张四
血量模块	1	2016-07-04	2016-07-04	吴一
动画模块	1	2016-07-04	2016-07-04	张二

5.5.3　环境描述

应用服务器配置：

* CPU：Inter Cel430

* ROM：1 GB

* OS：Android 4.2

5.5.4　测试概要

（1）对测试计划的评价

* 测试案例设计评价：良好

* 执行进度安排：良好

* 执行情况：良好

140

（2）测试进度控制

- 测试人员的测试效率：良好
- 开发人员的修改效率：良好

在原定测试计划时间内顺利完成功能符合型测试和部分系统测试，对软件实现的功能进行全面系统的测试。并对软件的安全性、易用性、健壮性各个方面进行选择性测试，达到测试计划的测试类型要求。

测试的具体实施情况，见表 5.17。

表 5.17 测试的具体实施情况

编 号	任务描述	时 间	负责人	任务状态
1	需求获取和测试计划	2016-06-23	吴一	完成
2	案例设计、评审、修改	2016-06-25	吴一	完成
3	功能点_业务流程_并发性测试	2016-07-01	吴一	完成
4	回归测试	2016-07-05	吴一	完成
5	用户测试	2016-07-06	吴一	完成

5.5.5 缺陷统计

（1）测试结果统计

- Bug 修复率：第一、二、三级问题报告单的状态为 Close 和 Rejected 状态。
- Bug 密度分布统计：项目共发现 Bug 总数 13 个，其中有效 Bug 数目为 9 个，Rejected 和重复提交的 Bug 数目为 4 个。

按问题类型分类的 Bug 分布，见表 5.18。

表 5.18　按问题类型分类的 Bug 分布

问题类型	问题个数/个
代码问题	5
易用性问题	1
安全性问题	0
健壮性问题	1
功能性错误	0
测试问题	1
测试环境问题	0
界面问题	0
特殊情况	1
交互问题	0
规范问题	0

注:包括状态为 Rejected 和 Pending 的 Bug。

按级别的 Bug 分布,见表 5.19。

表 5.19　按级别的 Bug 分布

严重程度	1 级	2 级	3 级	4 级	5 级
问题个数/个	0	0	2	5	2

注:不包括 Cancel。

按模块及严重程度的 Bug 分布统计,见表 5.20。

表 5.20　按模块及严重程度的 Bug 分布

模　块	1-Urgent	2-VeryHigh	3-High	4-Medium	5-Low	合　计
声音模块	0	0	0	0	0	0
记录保存读取	0	0	0	0	1	1
游戏开始	0	0	0	0	0	0
关卡选择	0	0	0	0	0	0
小怪模块	0	0	0	0	0	0
Boss 模块	0	0	0	0	0	0
机关模块	0	0	2	3	0	5

模　　块	1-Urgent	2-VeryHigh	3-High	4-Medium	5-Low	合　　计
道具模块	0	0	0	1	0	1
金钱模块	0	0	0	0	0	0
行走状态模块	0	0	0	0	1	1
游戏状态模块	0	0	0	0	0	0
血量模块	0	0	0	1	0	1
动画模块	0	0	0	0	0	0

注：不包括 Cancel。

（2）测试用例执行情况（表 5.21）

表 5.21　测试用例执行情况

需求功能名称	测试用例名称	执行情况	是否通过
声音模块	各个界面的背景音乐、建塔时的提示音、游戏胜利及失败时的音乐等是否正常	正常播放	是
记录保存读取	攻克的关卡	正常读取	是
游戏开始	游戏开始界面按钮是否跳转成功	正常	是
关卡选择	选择简单、容易、难	可以选择	是
小怪模块	小怪的杀伤力、射程是否正常	正常	是
Boss 模块	Boss 的杀伤力、射程是否正常	正常	是
机关模块	机关的杀伤力、射程是否正常	正常	是
道具模块	道具使用是否正常	正常	是
金钱模块	每一个关卡给出的金钱、杀死不同敌人、怪物获得的金钱数量是否合理	正常	是
行走状态模块	怪物在地图中的行走路线	正常	是
游戏状态模块	游戏进行、停止、返回是否正常	正常	是
血量模块	不同英雄、不同敌人、不同怪物的血量各不相同	正常	是
动画模块	动画播放是否正常	正常	是

5.6　项目关闭总结报告

5.6.1　项目基本情况（表5.22）

表5.22　项目基本情况

项目名称	刀剑		项目类别	C#
项目编号			采用技术	C#编程技术
开发环境	Unity，Visual Studio 2015		运行平台	Windows PC 端
项目起止时间	2016-06-20—2016-07-10		项目地点	
项目经理	易经理			
项目组成员	吴一、张三、李四、王五、孙六			
项目描述	本项目作为一款冒险类游戏项目，开发重点在于游戏的设计，作为一款冒险类游戏，允许玩家操作游戏人物进行打怪、解密、闯关，通过让玩家挑战更高难度的怪物，来吸引用户参与到游戏中，游戏在人物设定、怪物设定、关卡设定上做了大量的新尝试，力求使游戏具有更高的可玩性。			

5.6.2　项目进度（表5.23）

表5.23　项目进度

项目阶段	计　划		实　际		项目进度偏移/天
	开始日期	结束日期	开始日期	结束日期	
立项	2016-06-21	2016-06-21	2016-06-21	2016-06-21	0
计划	2016-06-21	2016-06-22	2016-06-21	2016-06-22	0
需求	2016-06-22	2016-06-24	2016-06-22	2016-06-24	0
设计	2016-06-24	2016-06-27	2016-06-24	2016-06-27	0
编码	2016-06-28	2016-07-06	2016-06-28	2016-07-06	0
测试	2016-07-06	2016-07-07	2016-07-06	2016-07-07	0

第 **6** 章
软件工程实训项目案例三:喵之征途

6.1 项目立项报告

6.1.1 项目简介

《喵之征途》是一款横版杀怪游戏,游戏采用纯手绘画风,大胆融入了一些恐怖元素,独特的画风会给用户带来一种独特的感受。游戏中有许多种独特而又有趣的生物、阴冷的巨人、神秘的陶俑、诡异的石头人,还有来自未知世界的 Boss,都会给用户带来耳目一新的游戏体验。而快节奏又爽快的战斗则是设计者一直追求的目标,并为主角 Mr. King 这只可爱的小猫设置了风格多样的技能和炫酷的武器。可以说,这是一款风格独特、节奏爽快的游戏!

6.1.2　项目目标

《喵之征途》针对当代大学生和上班族等拥有一定闲暇时间且需要释放压力的人群。对当代大学生来说,该游戏可以很好地填充他们无聊发呆的时间,既能愉悦心情,又不易沉迷其中,可以较好地满足大学生的需求;而对日常生活压力颇大的上班族来说,该游戏又是一剂很好的减压良药,下班后玩一玩,可以有效地减轻工作压力。

6.1.3　系统边界

用户管理模块,可以修改昵称和个人信息;提供背包系统,可支持物品的展示与丢弃,具有可扩展性;提供商店系统,可支持商品的展示与购买,还可用积分兑换商品;游戏的战斗,包括技能和道具的管理,可支持剧情和挑战两种战斗模式;强化系统,提供强化等级和装备进化与锻造的机制;游戏角色,具有等级属性,可以升级。

6.1.4　工作量估算(表6.1)

表 6.1　工作量估算

模　　块	子模块	工作量估计/(人·天$^{-1}$)	说　　明
项目立项	项目分析	2	
项目立项	人员分工	2	
需求设计	需求获取	2	
需求设计	需求分析	3	
需求设计	编写项目说明书	3	
需求设计	编写游戏策划文档	3	
系统设计	概要设计	4	

续表

模　块	子模块	工作量估计/(人·天$^{-1}$)	说　明
系统设计	详细设计	6	
界面设计	材料收集	2	
界面设计	设计界面	5	
功能实现	用户管理	4	
功能实现	背包系统	5	
功能实现	商店系统	5	
功能实现	战斗系统	10	
功能实现	强化系统	6	
功能实现	等级系统	6	
项目测试	白盒测试	2	
项目测试	黑盒测试	2	
测试修复	测试修复	4	
总工作量/(人·天$^{-1}$)		76	

注:"人/天"即 1 个人工作 8 h 的量就是 1 人/天。

6.1.5　开发团队组成和计划时间

①项目计划:2016 年 06 月 20 日—2016 年 07 月 09 日。

②项目经理:1 人;姓名:虞经理。

③项目成员:4 人。

6.1.6 风险评估和规避

（1）**技术风险**

①小组成员对开发语言：Java,Python 了解较少。

②对游戏引擎 Cocos2D-X 缺少认识。

解决：在系统正式开发之前，进行相关技术的学习。

（2）**管理风险**

①由于初期项目分工与时间分配不均导致后期项目完成效率变低，项目进度落后。

②项目执行过程中组内成员对某些关键实现问题存在争议，需要选出合适的解决方案。

③小组成员可能因为考试或招聘，错过一部分系统的开发。

解决：在项目分工方面综合考虑个人的能力条件与擅长领域，将任务分配到更适合的人手中有利于提高项目的完成度；当组内存在争议时，需及时进行小组沟通讨论，讨论依旧不能得出有效的结果时可采用投票决定等方式来选择较为适合的解决方案；当有成员需要暂时离开时，他的部分任务由组长平均分配给其他人完成。

6.2 软件项目计划

6.2.1 软件项目计划（图6.1）

项目开始日期：2016/6/20				每日估计剩余																			
ID 喵之征途	类型	执行者	2016/6/20	2016/6/21	2016/6/22	2016/6/23	2016/6/24	2016/6/25	2016/6/26	2016/6/27	2016/6/28	2016/6/29	2016/6/30	2016/7/1	2016/7/2	2016/7/3	2016/7/4	2016/7/5	2016/7/6	2016/7/7	2016/7/8	2016/7/9
1.1 喵之征途			76	72	70	66	63	60	55	55	52	49	46	43	38	28	23	15	6	0	0	0
1.1-01 项目立项	部门	ALL	4	0	0	0	0	0	0	0	0	0	0	0	0	0	0	0	0	0	0	0
1.1-02 需求设计	部门	ALL	11	11	9	5	2	2	2	2	2	1	0	0	0	0	0	0	0	0	0	0
1.1-03 系统设计	开发	ALL	10	10	10	10	10	7	4	4	2	2	2	2	2	2	2	2	2	0	0	0
1.1-04 界面设计实现	页面	ALL	7	7	7	7	7	7	5	5	5	4	3	2	2	0	0	0	0	0	0	0
1.1-05 系统功能实现	开发	ALL	36	36	36	36	36	36	36	36	36	34	33	31	26	18	13	8	4	0	0	0
1.1-06 项目测试	测试	ALL	4	4	4	4	4	4	4	4	4	4	4	4	4	4	4	2	0	0	0	0
1.1-07 测试和修复	开发	ALL	4	4	4	4	4	4	4	4	4	4	4	4	4	4	3	0	0	0	0	0
2.1 项目立项			4	0	0	0	0	0	0	0	0	0	0	0	0	0	0	0	0	0	0	0
2.1-01 项目分析	部门	ALL	2	0	0	0	0	0	0	0	0	0	0	0	0	0	0	0	0			
2.1-02 人员分工	部门	ALL	2	0	0	0	0	0	0	0	0	0	0	0	0	0	0	0	0			
3.1 需求设计			11	11	9	5	2	2	2	2	2	1	0	0	0	0	0	0	0	0	0	0
3.1-01 需求获取	部门	ALL	2	2	0	0	0	0	0	0	0	0	0	0	0	0	0	0				
3.1-02 需求分析	部门	ALL	3	3	3	0	0	0	0	0	0	0	0	0	0	0	0	0				
3.1-03 编写项目需求说明书	部门	喵张三	3	3	3	2	0	0	0	0	0	0	0	0	0	0	0	0				
3.1-04 编写游戏策划文档	部门	喵李四	3	3	3	3	2	2	2	2	2	1	0	0	0	0	0	0				
4.1 系统设计			10	10	10	10	10	7	4	4	2	2	2	2	2	2	2	2	2	0	0	0
4.1-01 概要设计	开发	喵王五	4	4	4	4	4	2	1	1	0	0	0	0	0	0	0	0				
4.1-02 详细设计	开发	喵赵六	6	6	6	6	6	5	3	3	2	2	2	2	2	2	2	2				
5.1 界面设计			7	7	7	7	7	7	5	5	4	3	2	2	0	0	0	0	0	0	0	0
5.1-01 材料收集	页面	喵赵六	2	2	2	2	2	2	1	1	1	1	1	1	1	0	0	0				
5.1-02 设计界面	页面	喵李四	5	5	5	5	5	5	4	4	3	2	1	1	0	0	0					
6.1 功能实现			36	36	36	36	36	36	36	36	36	34	33	31	26	18	13	8	4	0	0	0
6.1-01 用户管理	开发	喵王五	4	4	4	4	4	4	4	4	4	4	4	4	4	4	4	4				
6.1-02 背包系统	开发	喵张三	5	5	5	5	5	5	5	5	5	5	5	4	3	2	1	0	0			
6.1-03 商店系统	开发	喵王五	5	5	5	5	5	5	5	5	5	5	5	4	3	1	0	0				
6.1-04 战斗系统	开发	喵赵六	10	10	10	10	10	10	10	10	10	8	7	6	3	0	0	0				
6.1-05 强化系统	开发	喵李四	6	6	6	6	6	6	6	6	6	6	6	6	6	4	0					
6.1-06 等级系统	开发	喵张三	6	6	6	6	6	6	6	6	6	6	6	6	6	1	0					
7.1 项目测试			4	4	4	4	4	4	4	4	4	4	4	4	4	4	4	2	0	0	0	0
7.1-01 白盒测试	测试	ALL	2	2	2	2	2	2	2	2	2	2	2	2	2	2	1	0				
7.1-02 黑盒测试	测试	ALL	2	2	2	2	2	2	2	2	2	2	2	2	2	2	1	0				
8.1 测试和修复			4	4	4	4	4	4	4	4	4	4	4	4	4	4	3	0	0	0	0	0
8.1-01 测试和修复	测试	ALL	4	4	4	4	4	4	4	4	4	4	4	4	4	4	3	0				
全部计算剩余			76	72	70	66	63	60	55	55	52	49	46	43	38	28	23	15	6	0	0	0

工作日	16		1	1	1	1	1	1	1	0	1	1	1	1	1	1	1	0	1	1	1	1	0
预计燃烧增量(每个工作日)	4.75																						
预计燃烧轨道			76	71	67	62	57	52	52	48	43	38	33	29	24	24	19	14	10	5	0	0

图 6.1　项目计划图

6.2.2　燃尽图（图 6.2）

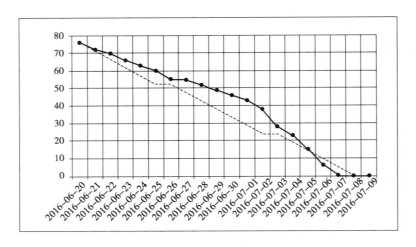

图 6.2　燃尽图

6.3　软件需求规格说明书

6.3.1　简介

（1）目的

该软件需求规格说明书是关于《喵之征途》用户对《喵之征途》游戏中的功能和性能要求的描述。

本说明书的预期读者为客户、业务或需求分析人员、测试人员、设计开发人员、用户文档编写者、项目管理人员。

该软件需求规格说明书重点描述了《喵之征途》游戏的功能需求，明确所要开发的软件应具有的功能、性能与界面，使系统分析人员及软件开发人员能清楚了解用户需求。

（2）范围

该软件需求规格说明书的范围是介绍项目的背景、概述,项目的任务与功能需求、性能需求、运行需求,接口,软件质量,需求分级等内容,不涉及具体功能的实现方法。

6.3.2　总体概述

（1）软件概述

1）项目介绍

随着科技的发展、手机性能的提升和普及,以及人们对休闲放松的渴望,游戏越来越受到人们的青睐。数据表明,游戏已经由从前PC的一家独大演变为今天的主机——手机,iPad等。2015年,全球最赚钱的PC游戏——《英雄联盟》,纯收入为16亿美元创下新高,但手机游戏不甘落后,《部落冲突》以13亿美元位居第二,手机游戏市场的发展前景可见一斑。

而《喵之征途》是一款横版格斗类手机游戏,为独立项目。其目标是成为一款节奏爽快、故事情节合理、活跃智慧的游戏。

2）项目环境介绍

本项目运行不需要网络、数据库、Web服务器等外部接口,只需独立运行于手机上。

（2）软件功能

①用户管理:用户对登录游戏的账户昵称进行设置。

②背包系统:用户对存放装备的背包进行查看、使用、丢弃和出售物品等操作的集合。

③商店系统:用户可在商店管理系统中购买装备。

④战斗系统:进入战斗模式后可进行一系列操作,如攻击、移动、使用技能、道具、暂停等。

⑤强化系统：游戏中允许用户对装备进行强化，选择好需要强化的装备即可对装备进行强化，强化消耗固定数量的金币，随着装备等级的提升，强化的成功率会逐渐降低。

⑥等级系统：等级管理模块中，在用户完成闯关后会获得经验，当经验达到当前等级上限后，用户升级并获得技能点。用户进入等级管理模块中能够看到角色属性及所带装备属性，可分配剩余属性点。

（3）用户特征

本游戏属于战斗类游戏，节奏较快，适合喜欢冒险、追求刺激和通过游戏释放压力的年轻人。本游戏操作简单，通俗易懂，对用户的使用经验没有太大的要求。

（4）假设和依赖关系

①使用 Cocos2D-X 游戏引擎，不另开发引擎。
②使用 Visual Studio 2013 开发，Android SDK 版本为 4.4。
③使用 C++ 语言开发。

6.3.3 具体需求

（1）系统用例

在此系统里，共包含用户管理系统、战斗系统、背包系统、商店系统、强化系统和等级系统这些子系统；用户对应的可以进行用户管理、战斗操作、背包管理、商店管理、强化操作、查看等级等子功能模块；在每个子功能模块下又包含多个子功能，如图 6.3 所示。

（2）用户管理模块

用户管理模块为用户的角色设置昵称，如图 6.4 所示。

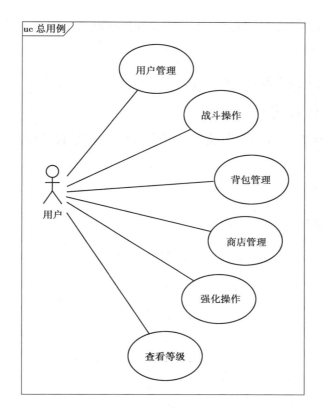

图 6.3　系统用例图

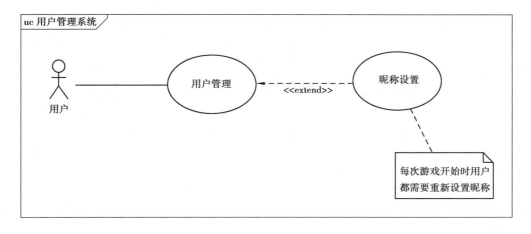

图 6.4　用户管理模块

用户昵称设置：

● 介绍

接收用户字符串输入，并将其设为系统中的用户昵称。每次新游戏开始前设置一次。当出现非法输入时,系统拒绝将其设为昵称,并提示错误信息。

- 输入

用户输入的参数数据集:字符,数字。

输入来源:手机触摸屏。

包含精确度和容忍度的有效输入范围:输入只能包含数字和字母,不接受标点符号。

- 处理

用户昵称设置流程如图6.5所示。

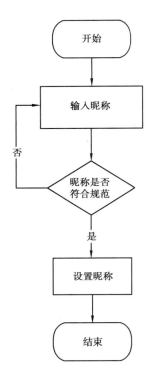

图6.5 用户昵称设置流程图

- 输出

系统中存在的变量用于存储昵称。

输出:内存。

时间要求:低于1 s。

（3）**战斗操作模块**

①战斗操作功能简介。

选择战斗模式,进入战斗模式后用户可以进行一系列操作,如攻击、跳跃、移动、使用技能、道具。

②战斗操作系统用例,如图 6.6 所示。

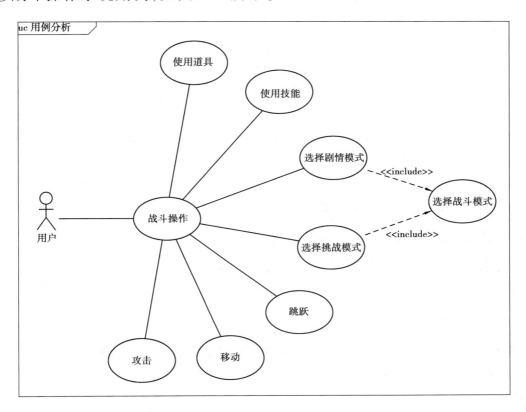

图 6.6　战斗操作系统用例

③使用道具。

● 介绍

本模块是用户在战斗模式中使用道具的模块,道具为消耗品,放置在快捷栏内,使用道具会有相应的效果。

● 输入

输入来源:用户单击快捷栏内的道具,通过屏幕触控。

数量:1。

度量单位:个。

时间要求:不超过 0.5 s。

有效输入范围:道具有效触碰区域。

● 处理

使用道具流程如图 6.7 所示。

图 6.7　使用道具流程图

● 输出

输出:被使用道具的对应效果。

时间要求:完成处理后 0.5 s 内输出。

包含精确度和容忍度的有效输入范围:待定。

④攻击。

● 介绍

本模块是用户在战斗模式中攻击的模块,攻击时会产生相应的动作,并对攻击范围内的敌人造成伤害。

● 输入

输入来源:用户单击攻击按钮,通过屏幕触控。

数量:1。

度量单位:个。

时间要求:不超过 0.5 s。

有效输入范围:攻击按钮有效触碰区域。

● 处理

攻击流程如图 6.8 所示。

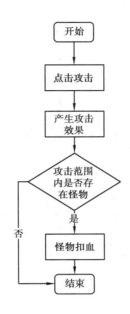

图 6.8　攻击流程图

● 输出

输出：攻击动作，怪物扣血（存在于攻击范围内）。

时间要求：完成处理后 0.5 s 内输出。

包含精确度和容忍度的有效输入范围：待定。

⑤跳跃。

● 介绍

本模块是用户在战斗模式中跳跃的模块，跳跃可以使角色起跳。

● 输入

输入来源：用户单击跳跃按钮，通过屏幕触控。

数量：1。

度量单位：个。

时间要求：不超过 0.5 s。

有效输入范围：跳跃按钮有效触碰区域。

● 处理

跳跃流程如图 6.9 所示。

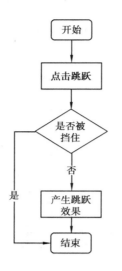

图 6.9　跳跃流程图

● 输出

输出：角色跳起。

时间要求：完成处理后 0.5 s 内输出。

包含精确度和容忍度的有效输入范围：待定。

⑥使用技能。

● 介绍

本模块是用户在战斗模式中使用技能的模块，技能随等级提升解锁，每个技能有不同效果。

● 输入

输入来源：用户单击相应技能按钮，通过屏幕触控。

数量：1。

度量单位：个。

时间要求：不超过 0.5 s。

有效输入范围：技能按钮有效触碰区域。

● 处理

● 输出

输出：相应技能效果。

时间要求：完成处理后 0.5 s 内输出。

包含精确度和容忍度的有效输入范围：待定。

（4）背包管理模块

①背包管理功能简介。

用户对存放装备、道具和材料的背包进行查看、使用、丢弃物品以及添加道具到快捷栏的操作集合。

②背包管理系统用例。

③查看物品。

● 介绍

用户可以查看背包中各种装备、道具和材料的属性状态等（图 6.10）。

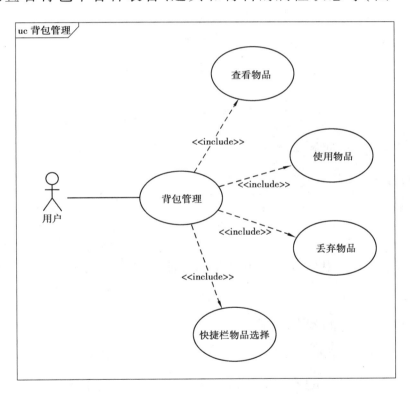

图 6.10　背包的各种属性状态图

● 输入

用户输入的触屏操作属性包括触摸位置。

输入来源：手机触摸屏。

包含精确度和容忍度的有效输入范围:背包界面的背包格子中。

时间要求:实时响应,响应时间不长于 1 s。

- 处理

查看物品流程如图 6.11 所示。

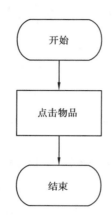

开始

点击物品

结束

图 6.11　查看物品流程图

- 输出

将当前单击的物品属性和介绍等输出到屏幕右侧。

输出类型:字符。

④使用物品。

- 介绍

用户对物品进行使用操作,如更换装备、使用道具等,如图 6.12 所示。

- 输入

输入为用户对按钮的触摸操作。

输入来源:手机触摸屏。

包含精确度和容忍度的有效输入范围:可触摸按钮内部。

响应时间:实时响应,响应时间不超过 1 s。

- 处理

- 输出

返回物品使用成功信息,如是更换装备,即将所选装备与角色当前装备互换。

⑤丢弃物品。

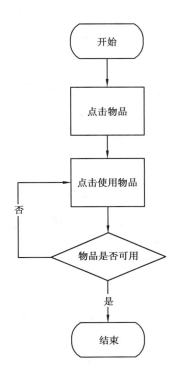

图 6.12　使用物品流程图

• 介绍

当用户不需要背包中的某件物品时,可选择丢弃物品。

• 输入

输入为用户对按钮的触摸操作。

输入来源:手机触摸屏。

包含精确度和容忍度的有效输入范围:可触摸按钮内部。

响应时间:实时响应,响应时间不超过 1 s。

• 处理

丢弃物品流程如图 6.13 所示。

• 输出

背包中被丢弃物品消失。

⑥快捷栏物品选择。

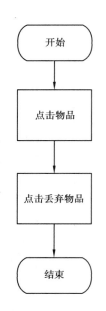

图 6.13　丢弃物品流程图

● 介绍

每次用户开始闯关前,可从背包中将 3 种消耗品置入快捷栏中,每种可以叠加多个。

● 输入

用户输入的触屏操作属性包括触摸位置。

输入来源:手机触摸屏。

包含精确度和容忍度的有效输入范围:背包界面的背包格子中。

度量单位:个。

响应时间:立即响应,响应时间不超过 1 s。

● 处理

快捷物品选择流程如图 6.14 所示。

● 输出

快捷栏出现最多 3 种被选择的消耗品。

（5）商店管理系统

①商店管理功能简介。用户可以在商店管理系统中购买和出售商品,进行积分兑换。

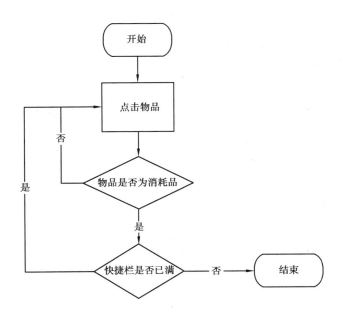

图 6.14　快捷物品选择流程图

②商店管理系统用例,如图 6.15 所示。

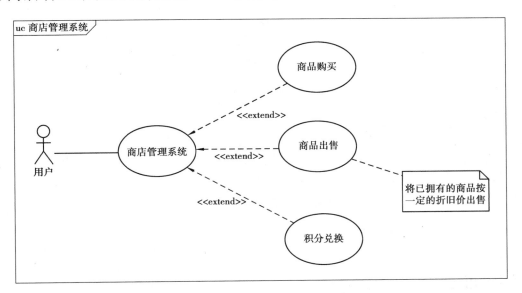

图 6.15　商店管理系统用例图

③商品购买。

● 介绍

当用户金币数超过商品价格时,可购买该商品。如果用户金币不足时,则不能购买该商品,且系统会出现错误提示。

● 输入

用户输入的参数数据集：触摸位置。

输入来源：用户的点击操作。

包含精确度和容忍度的有效输入范围：触摸位置必须处于商品格子范围内。

时间要求：实时响应，响应时间不超过 1 s。

● 处理

商店购买流程如图 6.16 所示。

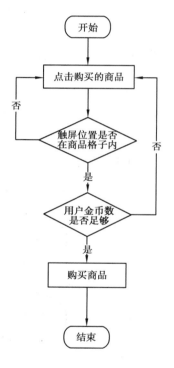

图 6.16 商店购买流程图

● 输出

为用户角色添加相应装备。

输出：内存。

时间要求：低于 1 s。

④商品出售。

● 介绍

用户可按一定折旧价出售自己已有的商品。

● 输入

用户输入的参数数据集:触摸位置。

输入来源:用户的点击操作。

包含精确度和容忍度的有效输入范围:触摸位置必须处于商品格子范围内。

时间要求:实时响应,响应时间不超过 1 s。

● 处理

商品出售流程如图 6.17 所示。

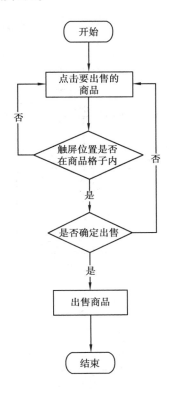

图 6.17　商品出售流程图

● 输出

删除用户已拥有的装备,按折旧价增加用户金币数。

输出:内存。

时间要求:低于 1 s。

⑤积分兑换。

● 介绍

用户可将自己已获得的积分兑换成相应装备。

- 输入

用户输入的参数数据集:触摸位置。

输入来源:用户的点击操作。

包含精确度和容忍度的有效输入范围:触摸位置必须处于商品格子范围内。

时间要求:实时响应,响应时间不超过 1 s。

- 处理

- 输出

用户获得相应商品,同时扣除积分数。积分兑换流程如图 6.18 所示。

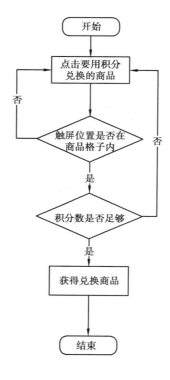

图 6.18　积分兑换流程图

输出:内存。

时间要求:低于 1 s。

(6)强化操作模块

①强化操作功能简介。游戏中允许用户对装备进行强化,强化分为打造和锻造两种类型,选择好需要强化的装备和强化类型后添加材料即可对装备进行强化。

②强化操作系统用例,如图6.19所示。

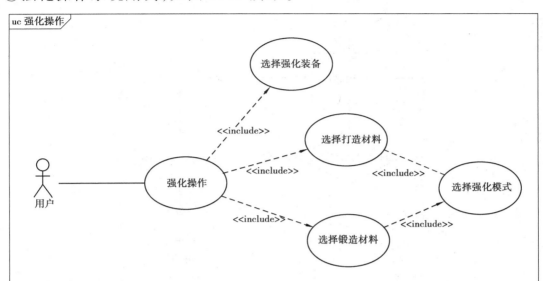

图6.19　强化操作用例图

③选择强化装备。

• 介绍

用户选择需要强化的没有达到满级的装备,并将其放入熔炉中。

• 输入

用户输入的触屏操作属性,包括触摸位置。

输入来源:手机触摸屏。

包含精确度和容忍度的有效输入范围:背包界面的背包格子中的装备。

数量:1。

度量单位:个。

响应时间:实时响应,响应时间不超过1 s。

• 处理

选择强化装备流程如图6.20所示。

• 输出

一个待强化的未满级的装备。

④选择强化模式。

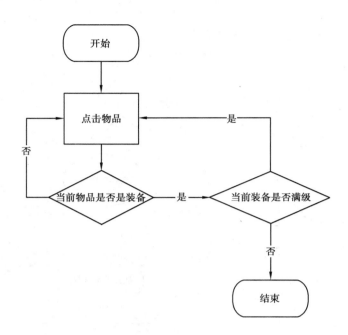

图 6.20　选择强化装备流程图

● 介绍

强化有打造和锻造两种模式供用户选择,不同的强化模式会给装备带来不同的效果,如图 6.21 所示。

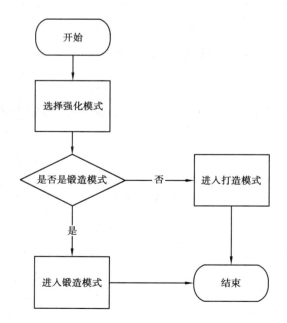

图 6.21　选择强化模式流程图

- 输入

输入为用户对强化模式选择按钮的触摸操作。

输入来源：手机触摸屏。

包含精确度和容忍度的有效输入范围：打造或锻造按钮内部。

响应时间：实时响应，响应时间不超过1 s。

- 处理

- 输出

输出打造模式或锻造模式的界面。

⑤选择打造材料。

- 介绍

当用户选择对装备进行打造时，用户需要选择只能用来打造的普通材料，被选出的打造材料会被消耗掉并为装备提供打造经验以供装备升级与升星。

- 输入

用户输入的触屏操作属性，包括触摸位置。

输入来源：手机触摸屏。

包含精确度和容忍度的有效输入范围：背包界面的背包格子中的普通材料。

数量：1～3。

度量单位：个。

响应时间：实时响应，响应时间不超过1 s。

- 处理

选择打造材料流程如图6.22所示。

- 输出

将1～3个普通材料添加到打造熔炉内。

⑥选择锻造材料。

- 介绍

当用户选择了对装备进行打造时，用户需要选择只能用来锻造的稀有材料，锻造具有成功的概率，无论成功与否稀有材料都会被消耗，但是如果锻造成功，将会给装备附上一些额外属性。

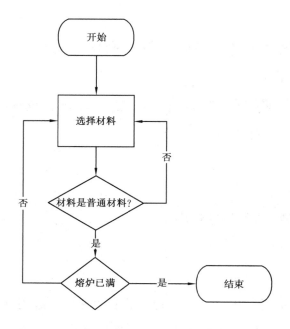

图 6.22 选择打造材料流程图

● 输入

用户输入的触屏操作属性,包括触摸位置。

输入来源:手机触摸屏。

包含精确度和容忍度的有效输入范围:背包界面的背包格子中的稀有材料。

数量:1。

度量单位:个。

响应时间:实时响应,响应时间不超过 1 s。

● 处理

选择锻造材料流程如图 6.23 所示。

● 输出

将 1 个稀有材料添加到锻造熔炉内。

(7)等级属性管理模块

①等级管理功能简介。等级管理模块中,用户在初始时对角色的发展方向(力量、敏捷、智力)进行选择,选择后升级会有不同的发展方向。在用户完成闯关后会获得经验,当经验达到当前等级上限之后,用户升级。用户进入等级管理模块中能看到角色属性及所带的装备属性。

170

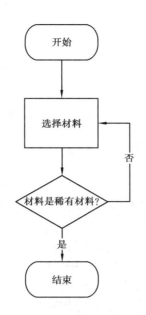

图 6.23　选择锻造材料流程图

②等级属性管理模块用例，如图 6.24 所示。

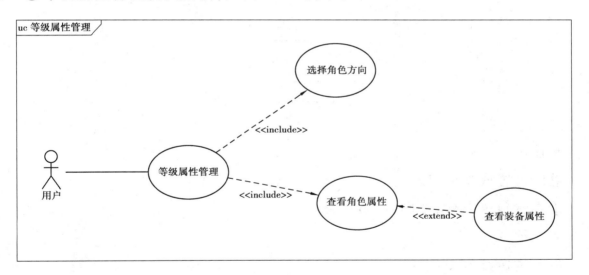

图 6.24　等级属性管理模块用例图

③选择角色方向。

● 介绍

本模块是用户刚开始进行游戏时选择角色发展方向，用户点击"选择"即可。

● 输入

角色发展方向的选择按钮。

输入来源：手机触摸屏。

包含精确度和容忍度的有效输入范围：可触摸按钮内部。

响应时间：实时响应，响应时间不超过 1 s。

● 处理

选择角色方向流程如图 6.25 所示。

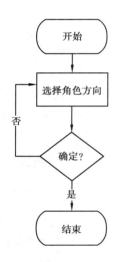

图 6.25　选择角色方向流程图

● 输出

返回设置成功消息。

④查看角色属性，如图 6.26 所示。

● 介绍

角色按钮及触摸位置。

输入来源：手机触摸屏。

包含精确度和容忍度的有效输入范围：背包界面的背包格子中。

时间要求：实时响应，响应时间不长于 1 s。

● 输入

人物头像。

输入来源：屏幕触控点选。

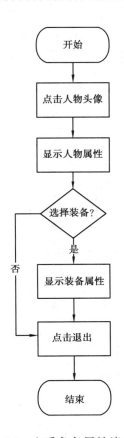

图 6.26　查看角色属性流程图

● 输出

人物属性面板及装备属性。

(8)数据字典(表 6.2)

表 6.2　数据字典

字　　段	类　　型	可为空	描　　述
怪物 Monster			
MonsterID	int	N	怪物编号
MonsterName	char	N	怪物名称
MonsterType	char	N	怪物类型
MonsterNumber	int	Y	怪物数量
KillGold	int	N	击杀金币数

续表

字　段	类　型	可为空	描　述
技能 Skill			
SkillID	int	N	技能编号
SkillType	char	N	技能类型
SkillName	char	N	技能名称
SkillState	bool	N	解锁状态
SkillCD	int	N	技能冷却时间
基本操作 Basicoperation			
BoperationID	int	N	基本操作编号
BoperationName	char	N	基本操作名称
道具 Tool			
ToolID	int	N	道具编号
ToolName	char	N	道具名称
ToolType	char	N	道具类型
ToolNumber	int	Y	道具数量
TBuyPrice	int	N	道具购买价格
TSalePrice	int	N	道具出售价格
角色 Role			
AttributeID	int	N	属性编号
AttributeName	char	N	属性名称
AttributeValue	int	N	属性值
用户 User			
Name	char	N	昵称
材料 Material			
MaterialID	Int	N	材料编号
MaterialName	char	N	材料名称
MaterialType	char	N	材料类型

字　　段	类　型	可为空	描　　述
装备 Equipment			
EquipmentID	int	N	装备编号
EquipmentName	char	N	装备名称
EquipmentType	char	N	装备类型
EquipmentValue	int	N	装备属性值
EquipmentLevel	int	N	装备等级
EBuyPrice	int	N	装备购买价格
ESalePrice	int	N	装备出售价格

（9）E-R 关系图

图 6.27 为系统总 E-R 图。

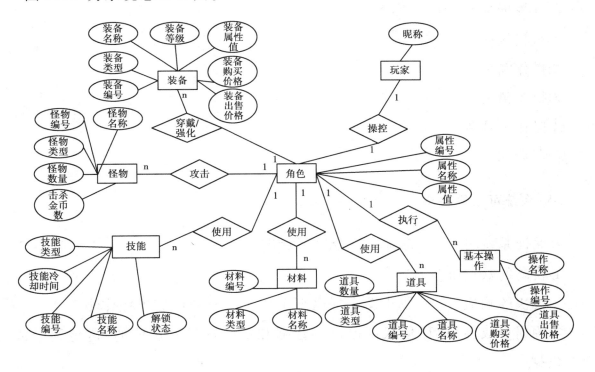

图 6.27　E-R 图

6.3.4　性能需求

（1）**时间性能需求**

①游戏加载时间不超过 5 s。

②系统响应时间不超过 2 s。

（2）**系统开放性需求**

本项目基于主流的 Android 系统设计，具备良好的可移植性，同时可根据需求进行功能和性能的扩充。

（3）**界面友好性需求**

系统界面应符合以下标准：

①风格统一。

②操作简洁。

③指令清楚。

④操作流清晰。

⑤布局大方。

（4）**系统可用性需求**

为保证系统可用性，系统应符合以下标准：

①较高的数据准确率。

②较快的响应速度（战斗操作延迟小于 0.5 s，打开商店等操作小于 2 s）。

③数据有效性，应尽量保证提供的数据和信息都是有价值的，避免冗余或无用的数据。

④系统健壮性，在系统出错时应提供相应的回避或处理机制，避免当机或程序崩溃。

（5）**可管理性需求**

系统应严格按照相关文档进行开发，同时在开发过程中应严格执行需求控制和追踪。

6.3.5 接口需求

①实现用户操作图形化界面，用户的交互界面都通过手机屏幕交互，分辨率基本以 1 280×720 像素为主，600×800 像素较少，软件界面能自适应屏幕大小、屏幕格式尺寸。

②用户能在 5 min 的教程中迅速熟悉游戏的相关操作。

6.3.6 总体设计约束

（1）**标准符合性**

《喵之旅途》应严格遵循《软酷卓越实验室 COE 技术要求规范》和《软酷卓越实验室 COE 编程规范要求》规范。

（2）**硬件约束**

在最低配置的机器中能顺畅地跑起来，操作一切功能，在速度、延迟许可的条件下，要求必须在 3 s 之内作出响应，不能让用户有迟滞的感觉。

（3）**技术限制**

并行操作：保证数据的正确性和完备性。

编程规范：Java 编程规范。

6.3.7　软件质量特性

（1）可靠性

适应性：能在多种安卓衍生系统及多种主流手机机型上运行。

容错性：在系统崩溃、内存不足的情况下，提供适当的退出和回复机制，不影响此软件的功能失效，可正常关闭及重启。

可恢复性：出现系统崩溃时，在系统恢复正常后，人物数据正常。

（2）易用性

系统界面应符合以下易用性标准：
①界面跳转安排合理。
②操作流顺畅。
③界面元素功能表达清晰。
④操作简洁。
⑤对误操作及非法输入进行判断处理。

6.3.8　需求分级

需求分级，见表 6.3。

表 6.3　需求分级

需求 ID	需求名称	需求分级
3.2.1	用户昵称设置	B
3.3.1	选择战斗模式	B
3.3.2	使用道具	A
3.3.3	攻击	A
3.3.4	移动	A

续表

需求 ID	需求名称	需求分级
3.3.5	跳跃	C
3.3.6	使用技能	A
3.4.1	查看物品	A
3.4.2	使用物品	A
3.4.3	丢弃物品	B
3.4.4	快捷栏物品选择	B
3.5.1	商品购买	B
3.5.2	商品出售	B
3.5.3	积分兑换	C
3.6.1	选择强化装备	B
3.6.2	选择强化模式	C
3.6.3	选择打造材料	B
3.6.4	选择锻造材料	C
3.7.1	选择角色方向	B
3.7.2	查看角色属性	A

重要性分类如下：

A. 必需的：绝对基本的特性；如果不包含，项目就会被取消。

B. 重要的：不是基本的特性，但这些特性会影响项目的生存能力。

C. 最好有的：期望的特性；但省略一个或多个这样的特性不会影响项目的生存能力。

6.4 软件设计说明书

6.4.1 简介

（1）**目的**

本文需要对系统的设计和结构进行说明，为后期的开发工作提供参考和标准。面向读者包括用户、项目管理人员、测试人员、设计人员和开发人员。

（2）**范围**

1）软件名称

软件名称为《喵之征途》。

2）软件功能

本项目主要包含用户管理、战斗操作、背包管理、商店管理、强化操作、等级属性管理等核心功能。

3）软件应用

这是一款基于 Android 平台运行的手机游戏，游戏类型为横版格斗类。适用于各种工作或学习压力较大需要适度放松的成年人。当你需要释放压力、打发时间时，只需要打开这款游戏，玩上 30 min，你就会暂时忘却烦恼，还能提高之后的工作效率，一举多得，何乐而不玩呢。

6.4.2　概要设计

（1）系统设计描述

1）软件系统上下文定义

本游戏是在 Android 手机上运行的单机游戏,不具备数据库存储功能,只有手机一个外部实体,因此不用图表示交互模式。

2）系统结构图

系统结构如图 6.28 所示。

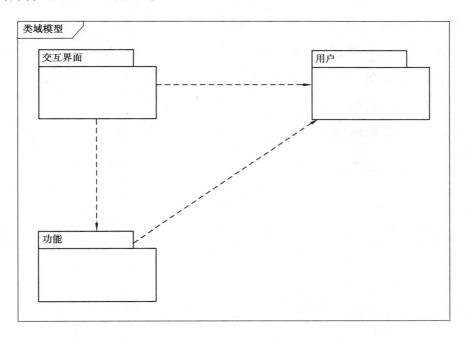

图 6.28　系统结构图

（2）模块分解描述

1）装备强化模块

● 简介

本模块用于强化装备,用以改变部分角色装备的部分属性。

• 功能列表

打造装备:消耗普通材料为待打造装备提供升级经验值,当经验值达到固定值时,装备等级提升;当等级达到一定程度时,装备升星。升星后装备等级归零,但是每次升星时装备会获得一定的属性加成。

锻造装备:消耗稀有材料直接为待锻造装备提供属性加成,其值不固定。

①打造装备。

• 功能设计描述

用于消耗普通材料提升装备经验值。

• 类

➢ ValueActivity:为用户提供强化操作的界面,接受用户对强化系统作出操作,例如,选择待强化装备,选择强化材料等。

➢ Equipments:实体类,保存装备信息。

➢ Materials:实体类,保存材料信息。

• 类与类之间的关系

打造装备类的关系如图 6.29 所示。

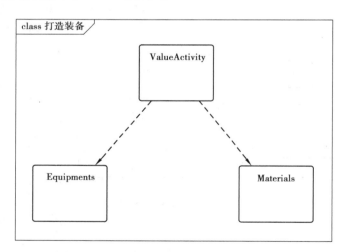

图 6.29　打造装备类的关系图

• 功能实现说明

打造装备时序图如图 6.30 所示。

②锻造装备。

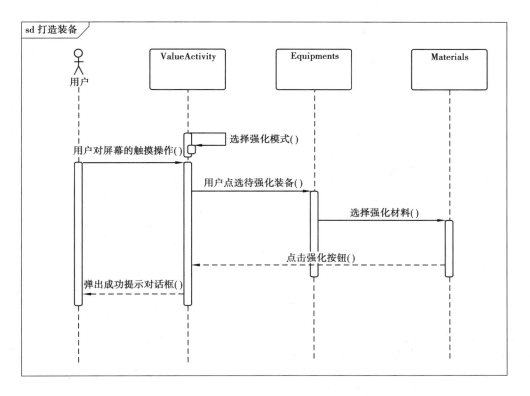

图6.30　打造装备时序图

- 功能设计描述

用于消耗稀有材料直接提升装备属性。

- 类

➢ ValueActivity：为用户提供强化操作的界面，接受用户对强化系统作出操作，例如，选择强化模式，选择待强化装备，选择强化材料等。

➢ Equipments：实体类，保存装备信息。

➢ Materials：实体类，保存材料信息。

- 类与类之间的关系

锻造装备类的关系如图6.31所示。

- 文件列表(表6.4)

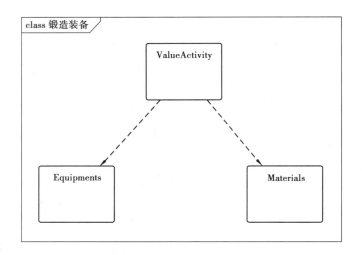

图 6.31　锻造装备类的关系图

表 6.4　文件列表

名　称	类　型	存放位置	说　明
Tool.cpp	cpp	src/Tool.cpp	存储各种与物品相关的操作
Tool.h	h	src/Tool.h	初始定义文件
GameLayer.cpp	cpp	src/GameLayer.cpp	记录和响应用户进行的屏幕点击等操作
GameLayer.h	h	src/GameLayer.h	初始定义文件

● 功能实现

锻造装备时序图与打造装备类似,如图 6.32 所示。

2）使用背包模块

● 简介

此模块包含用户对背包的操作,例如,更换装备,出售物品,丢弃物品等操作。

● 功能列表

更换装备:用户点选装备,点击使用按钮,当前装备即被装配到角色身体相应位置,如果该位置已有装备,则将该装备卸下。

出售物品:用户点选背包中除材料之外的道具,点击出售按钮,弹出确认提示框,用户点击"确定",则当前物品数量 −1,剩余金币数加上该物品单价。

丢弃物品:用户点选背包中的物品,点击丢弃按钮,弹出"确认"提示框提示用户是否丢弃,用户点击"确定",则当前物品数 −1。

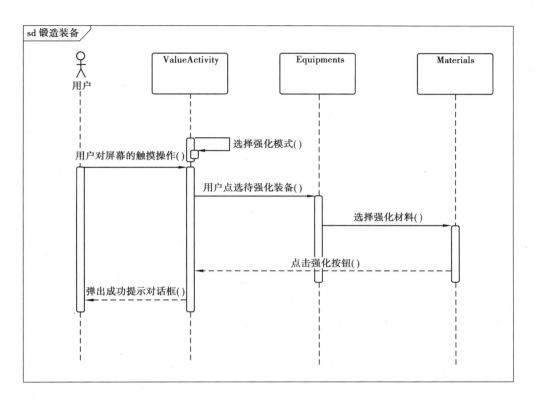

图 6.32　锻造装备时序图

①更换装备。

● 功能设计描述

更换角色对应位置的装备,可提高角色当前的某些属性值。

● 类

➢ Equipments:存储装备信息。

➢ Role:存储角色信息,例如,当前金币数,角色攻击等战斗加成属性。

➢ Equipmented:存储角色当前已穿戴的装备类型、位置和属性等信息。

➢ ValueActivity:用户对屏幕进行的触屏操作,例如,选择物品,点击按钮等。

● 类与类之间的关系

类与类之间的关系如图 6.33 所示。

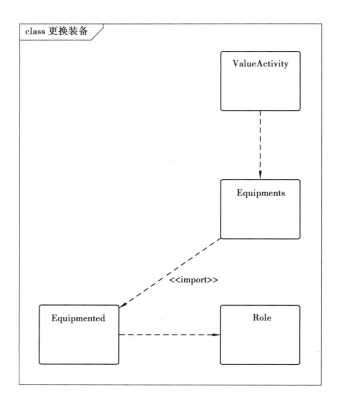

图 6.33　类与类之间的关系图

- 更换装备文件列表,见表 6.5。

表 6.5　更换装备文件列表

名　称	类　型	存放位置	说　明
Tool. cpp	cpp	src/Tool. cpp	存储各种与物品相关的操作
Tool. h	h	src/Tool. h	初始定义文件
GameLayer. cpp	cpp	src/GameLayer. cpp	记录和响应用户进行的屏幕点击等操作
GameLayer. h	h	src/GameLayer. h	初始定义文件
Hero. cpp	cpp	src/Hero. cpp	修改角色属性
Hero. h	h	src/Hero. h	初始定义文件

- 功能实现

②出售物品。

- 功能设计描述

用户可出售背包中的某些物品。

- 类

➢ Equipments：存储装备信息。

➢ ValueActivity：用户对屏幕进行的触屏操作，例如，选择物品，点击按钮等。

➢ Role：存储角色信息。

➢ Equipmented：检查当前位置是否有装备。

更换装备时序图，如图 6.34 所示。

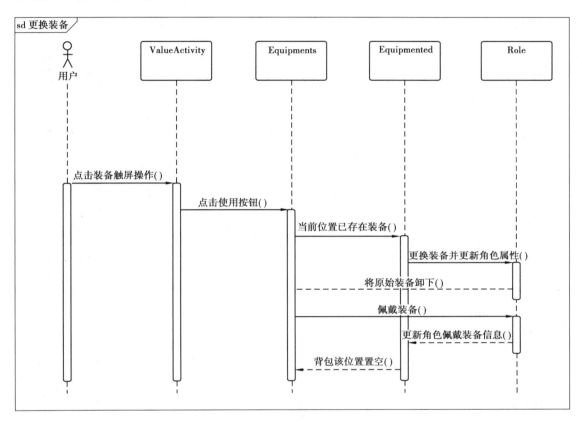

图 6.34　更换装备时序图

● 类与类之间的关系

出售物品类的关系如图 6.35 所示。

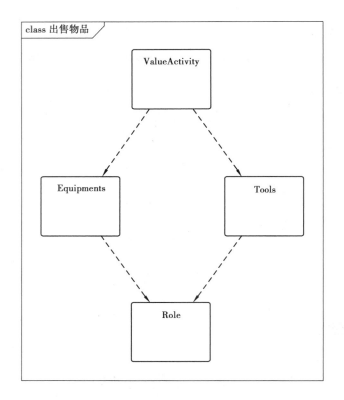

图 6.35　出售物品类的关系图

- 出售物品文件列表（表 6.6）

表 6.6　出售物品文件列表

名　称	类　型	存放位置	说　明
Tool. cpp	cpp	src/Tool. cpp	存储各种与物品相关的操作
Tool. h	h	src/Tool. h	初始定义文件
GameLayer. cpp	cpp	src/GameLayer. cpp	记录和响应用户进行的屏幕点击等操作
GameLayer. h	h	src/GameLayer. h	初始定义文件

- 功能实现

出售物品时序图，如图 6.36 所示。

3）用户管理模块

- 简介

本模块为用户设置一个昵称。

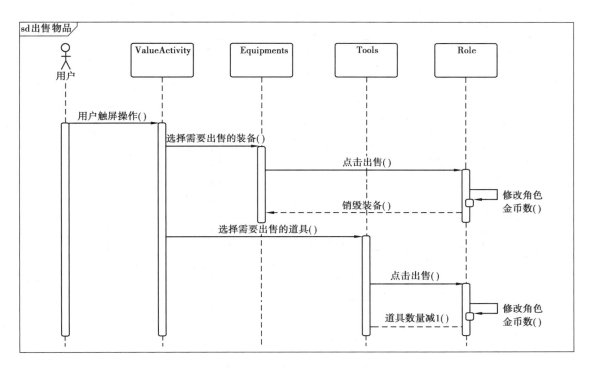

图 6.36 出售物品时序图

● 功能设计描述

本模块获取用户输入的昵称，并将获取字符赋予系统中的用户属性。

● 类

User：读取文本框中用户输入的字符，将其设为用户昵称。并提供公共接口，供其他模块读取用户设置信息。

● 昵称设置文件列表（表 6.7）

表 6.7 昵称设置文件列表

名　称	类　型	存放位置	说　明
User.cpp	cpp	src/User.cpp	存储用户输入信息
User.h	h	src/User.h	初始定义文件

● 功能实现说明

昵称设置时序图，如图 6.37 所示。

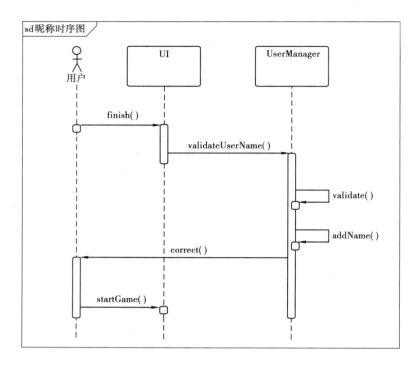

图 6.37　昵称设置时序图

4）商店管理模块

● 简介

该模块主要用于游戏中的商品管理,用户进入商城后可根据自己的需求和拥有的金币数进行商品购买、出售和积分兑换。

● 功能列表

其功能主要包括商品购买、商品出售和积分互换。

①商品购买。

● 功能设计描述

获取用户点击的商品,进行交易金额的计算,并为用户背包添加相应商品。

● 类

➢ Commodity 类:获取商品价格,添加或删减一定数量的商品。

➢ Trade 类:显示商品列表,判定交易价格,增减背包中商品的数量。

● 类与类之间的关系

商品购买类的关系如图 6.38 所示。

● 商品购买文件列表(表 6.8)

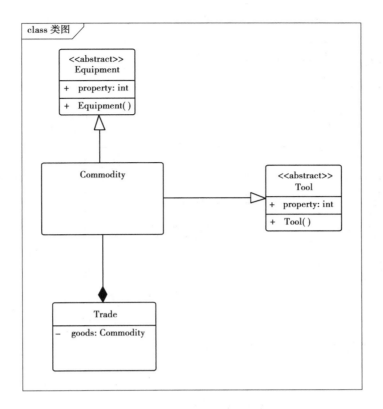

图 6.38　商品购买类的关系图

表 6.8　商品购买文件列表

名　称	类　型	存放位置	说　明
GameLayer.cpp	cpp	src/GameLayer.cpp	对商品进行操作
GameLayer.h	h	src/GameLayer.h	初始定义文件
OperateLayer.cpp	cpp	src/OperateLayer.cpp	定义交易过程
OperateLayer.h	h	src/OperateLayer.h	初始定义文件

● 功能实现说明

②商品出售。

● 功能设计描述

用户可以按一定折旧价出售商品,并获得一定金币数。

● 类

➤ Commodity 类:获取商品价格,删减一定数量的商品。

➤ Trade 类:显示商品列表,判定交易价格,增减背包中的商品数量。

- 功能实现说明

商品购买时序图,如图 6.39 所示。

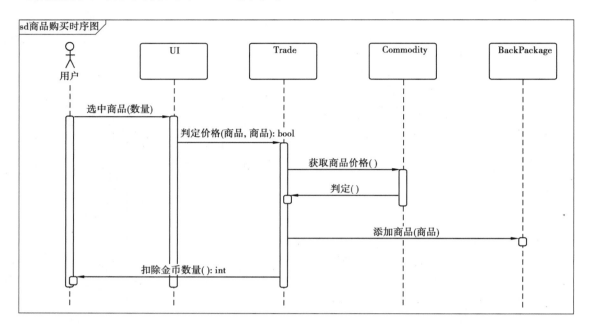

图 6.39　商品购买时序图

- 类与类之间的关系

商品购买类的关系如图 6.40 所示。

- 商品购买文件列表

- 功能实现说明

商品购买时序图,如图 6.41 所示。

③积分兑换。

- 类

➢ User 类:提供用户总金币数。

➢ Trade 类:将用户部分金币数转换成积分并将积分返回给用户。

- 类与类之间的关系

积分兑换类的关系,如图 6.42 所示。

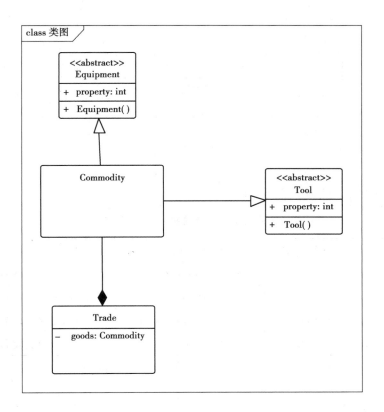

图 6.40　商品购买类的关系图

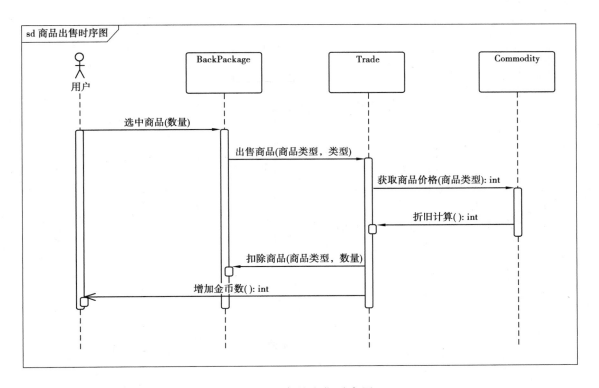

图 6.41　商品出售时序图

图 6.42　积分兑换类关系图

● 积分兑换文件列表（表 6.9）

表 6.9　积分兑换文件列表

名　称	类　型	存放位置	说　明
Hero. cpp	cpp	src/Hero. cpp	修改角色属性
Hero. h	h	src/Hero. h	初始定义文件
OperateLayer. cpp	cpp	src/ OperateLayer. cpp	定义交易过程
OperateLayer. h	h	src/OperateLayer. h	初始定义文件

● 功能实现说明

积分兑换时序如图 6.43 所示。

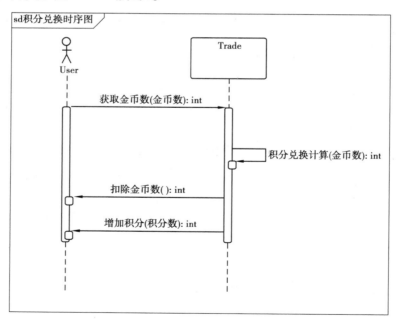

图 6.43　积分兑换时序图

④战斗模块。

- 简介

本模块实现和战斗相关的操作。

- 功能列表

本模块主要功能有人物的攻击、移动、跳跃、使用技能、使用道具。

5）战斗功能

- 类

➢ Hero：游戏主角，包含了基本属性，拥有移动、跳跃、使用技能、使用道具等操作。

➢ Monster：实现游戏中怪物的移动、跳跃和攻击，包含击败后获得的金币数。

➢ Skill：包含了技能 ID、名称、类型、冷却时间等属性。

➢ Tool：包含了道具 ID、名称、类型、价格等属性。

➢ ProcessMonitor：对用户操作进行监控并响应的类。

➢ Basicoperation：包含了攻击、移动、跳跃 3 个基本操作的类。

- 类与类之间的关系（图 6.44）

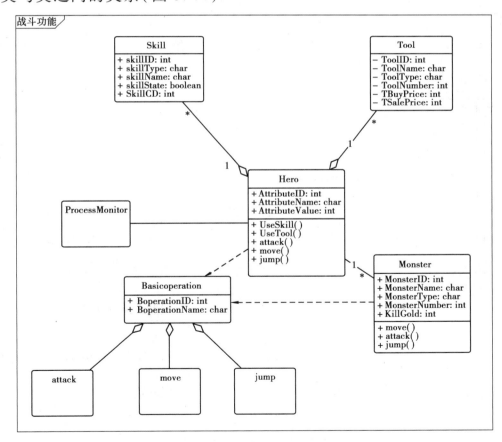

图 6.44　战斗功能类关系图

● 战斗功能文件列表(表6.10)

表 6.10　战斗功能文件列表

名　　称	类　型	存放位置	说　　明
Enemy. cpp	cpp	src/Enemy. cpp	存储怪物属性
Enemy. h	h	src/Enemy. h	初始定义文件
OperateLayer. cpp	cpp	src/OperateLayer. cpp	定义角色操作
OperateLayer. h	h	src/OperateLayer. h	初始定义文件
Hero. cpp	cpp	src/Hero. cpp	修改角色属性
Hero. h	h	src/Hero. h	初始定义文件
Tool. cpp	cpp	src/Tool. cpp	存储各种与物品相关的操作
Tool. h	h	src/Tool. h	初始定义文件

● 功能实现说明

➢ 使用技能时序图,如图6.45所示。

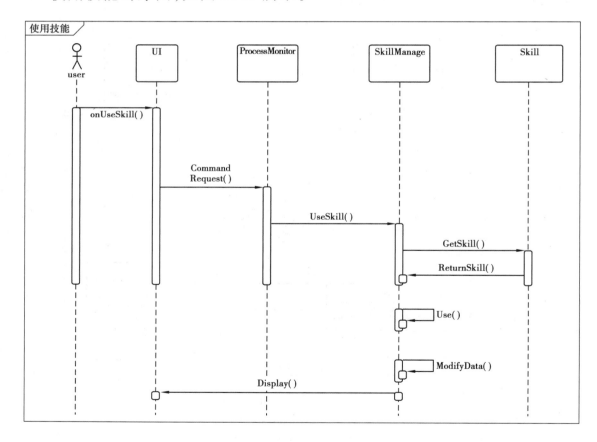

图 6.45　使用技能时序图

➤ 使用道具时序图,如图 6.46 所示。

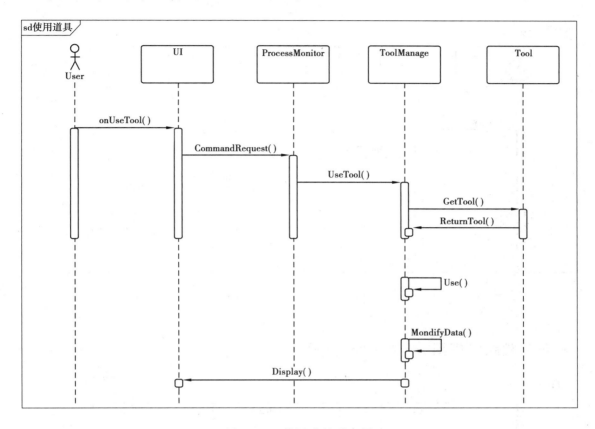

图 6.46　使用道具时序图

➤ 攻击怪物时序图,如图 6.47 所示。

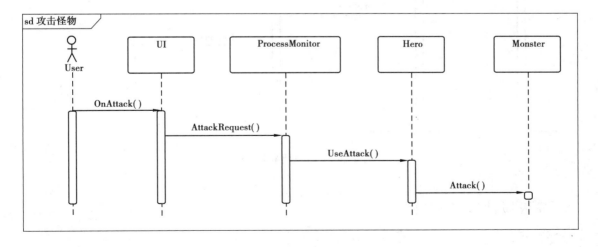

图 6.47　攻击怪物时序图

➢ 角色行走时序图,如图 6.48 所示。

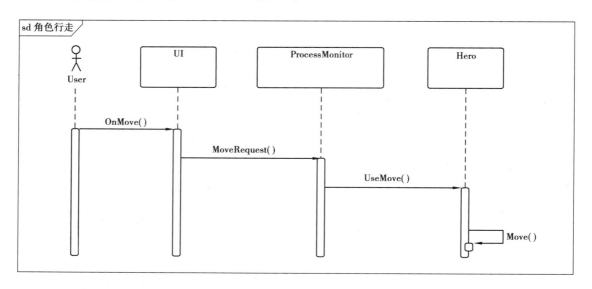

图 6.48　角色行走时序图

➢ 角色跳跃时序图,如图 6.49 所示。

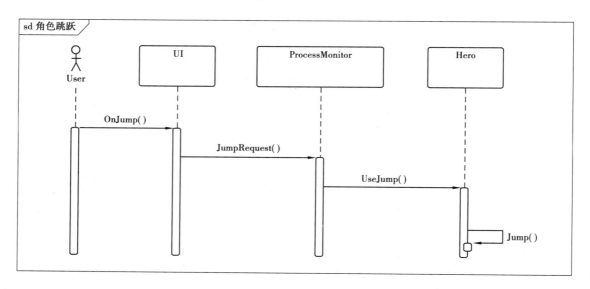

图 6.49　角色跳跃时序图

6)等级属性管理模块

①简介。

等级管理模块中,用户在初始时对角色的发展方向(力量、敏捷、智力)进行选择,选择后升级会有不同的发展方向。在用户完成闯关后会获得经验,当经验达到当前等级上限之后,用户升级。用户进入等级管理模块中能够看到角色属性和所带装备属性。

②功能列表。

方向管理:根据用户选择方向,对角色属性管理。

属性管理:展示人物属性,包括装备属性。

A.方向管理。

● 简介

本模块实现角色的不同发展方向,用户在方向选择界面的操作,可根据用户操作进行响应,包括方向介绍、选择确定。

● 功能列表

方向显示:显示不同方向与具体介绍。

方向选择:用户选择不同的方向。

● 类

➤方向显示类:显示不同方向介绍,获取用户选择。

➤角色类:存储角色各项属性。

● 类与类之间的关系

方向管理类的关系如图 6.50 所示。

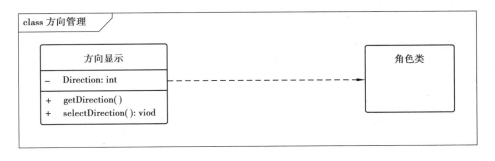

图 6.50　方向管理类的关系图

● 方向管理文件列表(表 6.11)

表 6.11　方向管理文件列表

名　　称	类　型	存放位置	说　　明
Hero. cpp	cpp	src/Hero. cpp	实现角色的不同发展方向
Hero. h	h	src/Hero. h	初始定义文件

B. 属性管理。

● 简介

本模块实现管理角色属性功能,用户可在属性面板查看角色属性、选择装备展示不同功能的装备、升级或装备物品后属性增加。

● 功能列表

属性显示:显示不同方向与具体介绍。

装备显示:用户选择不同的方向。

属性自动更改:升级或更改装备后,角色属性更改。

● 类

➢ RoleActivity 类:显示角色属性,根据用户操作显示相应装备属性。

➢ 角色类:存储角色各项属性。

➢ 装备类:存储装备各项属性。

● 类与类之间的关系(图 6.51)

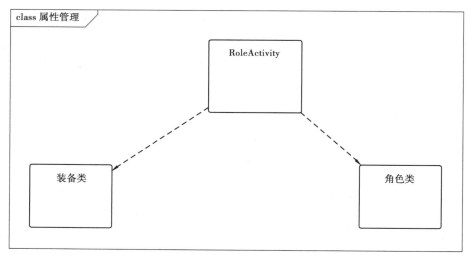

图 6.51　属性管理类的关系图

- 属性管理文件列表（表 6.12）

表 6.12　属性管理文件列表

名　称	类　型	存放位置	说　明
Hero.cpp	cpp	src/Hero.cpp	管理角色属性
Hero.h	h	src/Hero.h	初始定义文件

- 功能实现说明

属性管理时序，如图 6.52 所示。

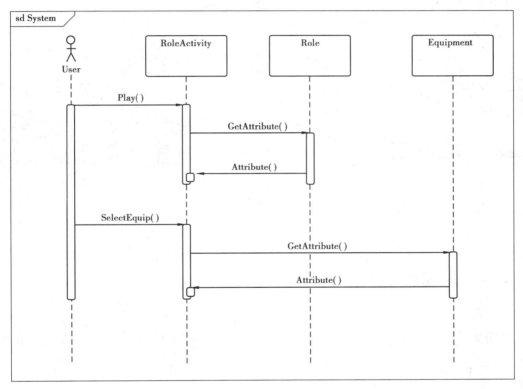

图 6.52　属性管理时序图

6.4.3　数据结构/数据库设计

数据结构/数据库设计的概念模型，如图 6.53 所示。

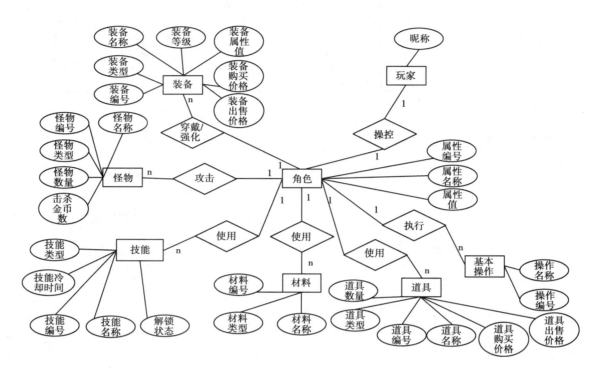

图 6.53　概念模型图

6.4.4　界面设计

因为游戏的图片资源还没有收集完整,需要进一步甄选,所以以下界面原图设计都是基于概念设计的,实际实现时会更丰富、生动。

（1）登录界面

游戏登录界面,如图 6.54 所示。

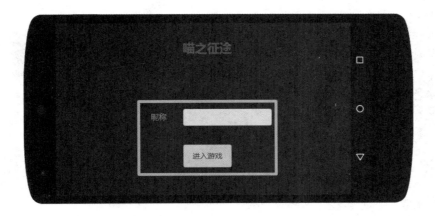

图 6.54　游戏登录界面

游戏开始界面，如图 6.55 所示。

图 6.55　游戏开始界面

（2）进入游戏主界面

　　界面说明：输入昵称进入游戏主界面之后，如图 6.56 所示，场景显示为一张地图（图 6.57），地图上有 4 个不同的"房间"，每个"房间"旁都设有一个按钮，点击不同的按钮对应进入商店、背包、强化和战斗界面。屏幕右上角设有一个退出游戏的按钮，点击即可退出。

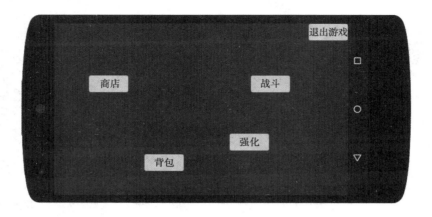

图 6.56　游戏主界面原图

图 6.57　游戏场景界面

（3）商店主界面

界面说明：按由上至下、从左往右的顺序说明商店界面（图 6.58）。首先，屏幕左上角返回键返回进入游戏主界面，右上角的搜索按钮是拓展功能，不在项目需求范围内。图中有"金币商品"和"积分商品"两个分类，不同分类下都对应着一个容器，容器中会显示各自分类下可以购买的商品图片。当用户点击不同图片时，屏幕右侧显示出对应商品的信息：上面显示物品的图片和名称，下面是对该物品的简单介绍，再下面是物品对角色属性的影响，最下面是物品的购买或兑换价格。屏幕右下角是当你点击了某件商品时，点击"购买按钮"即可购买到所选物品，买多件物品时需要点击多次，每次购买成功都会弹出对话框提示购买成功。

204

当背包已满时同样会弹出对话框提示用户无法购买。

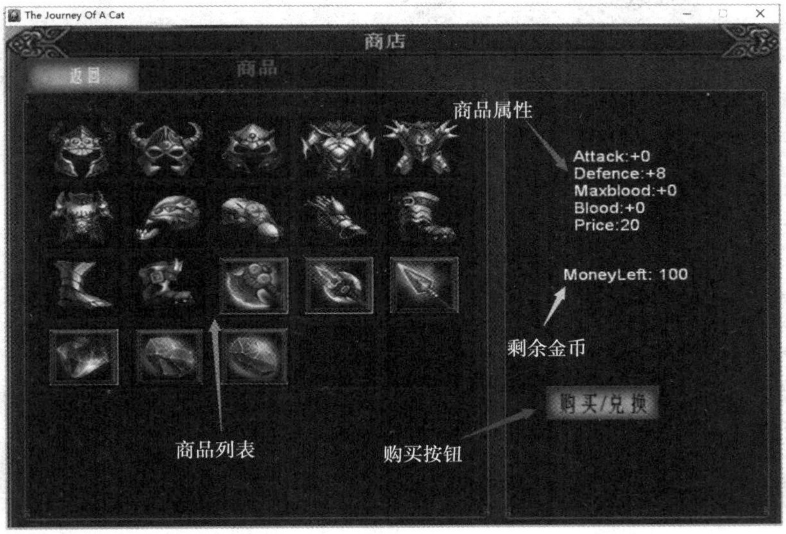

图 6.58　商店主界面

（4）背包主界面

界面说明：在背包界面中，与商店界面类似的，左上角为返回主界面，右上角搜索功能暂不开发，下方左侧为背包中物品的显示，共 5×4 个背包格子，下方右侧为物品的各种介绍，右下方有 3 个按钮，分别是使用物品、出售物品和丢弃物品（材料类物品不能出售只能丢弃），如图 6.59 和图 6.60 所示。

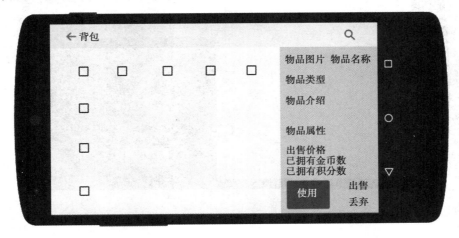

图 6.59　背包主界面原图

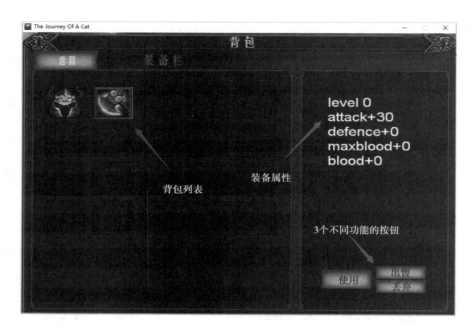

图 6.60　背包主界面

（5）强化装备主界面

　　界面说明:强化系统的左侧显示所有背包中可以被强化的装备,右侧选择强化模式,然后添加待强化装备和强化材料,点击强化按钮即可完成强化。左上角返回进入游戏主界面,如图 6.61 和图 6.62所示。

图 6.61　强化装备主界面原图

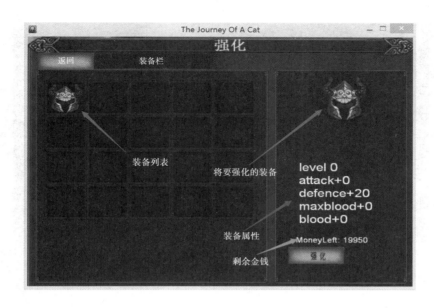

图 6.62　强化装备主界面

（6）战斗主界面

界面说明：左上角图标依次为角色等级、角色头像和角色血量。xxx/XXX 表示角色当前血量和血量上限，屏幕右上角为返回键，用户点击时会弹出提示框提醒用户是否退出当前战斗，如果退出当前战斗，则不能获得本关卡奖励。屏幕下方为道具快捷栏，是用户在进入战斗之前从背包中选出的 3 种消耗品；右下角为 3 种角色技能和 1 种普通攻击，当技能处于 CD 状态时，显示刷新技能冷却时间，如图 6.63 和图 6.64 所示（注：战斗主界面的背景图没有在界面原图中表示出来）。

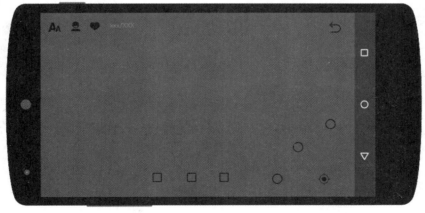

图 6.63　战斗主界面原图

图6.64　战斗主界面

6.4.5　出错处理设计

在App运行过程中会出现很多出错处理,这些错误可能来自用户的错误操作,也可能来自App运行环境的各种不适应。因此,为了App更好的兼容性和用户更好的使用体验,一个好的全面的出错处理设计就显得十分有必要,这将直接决定着App的使用价值。一个完美的处理出错机制还能带来系统运行的安全稳定性,保障App运行顺畅,减少维护次数。

(1)错误名称:输入非法字符

解决方法:发送提示框提醒用户不可输入哪些非法字符。

(2)错误名称:游戏环境异常

解决方法:提示用户关闭部分其他程序或者重启游戏。

6.5　软件测试报告

6.5.1　概述

系统测试报告说明软件测试的执行情况和软件质量,并分析缺陷原因。

6.5.2　测试时间、地点及人员

测试时间、地点及人员报告表,见表6.13。

表6.13　测试报告表

测试模块	天数/天	开始时间	结束时间	人员/人
地图	2	2016-06-27	2016-06-28	2
控制器	2	2016-06-29	2016-06-30	2
模型	2	2016-07-01	2016-07-02	2

6.5.3　环境描述

一加手机(one plus one):

CPU:高通骁龙800AC处理器。

RAM:3 GB。

OS:Color OS(Android 4.4.4)。

6.5.4　测试概要

（1）对测试计划的评价

测试案例设计评价：良好。

执行进度安排：良好。

执行情况：良好。

（2）测试进度控制

测试人员的测试效率：良好。

开发人员的修改效率：良好。

测试的具体实施情况，见表 6.14。

表 6.14　测试的具体实施

编　号	任务描述	时　间	负责人	任务状态
1	需求获取和测试计划	2016-06-23	王五	完成
2	案例设计、评审、修改	2016-06-25	王五	完成
3	功能点_业务流程_并发性测试	2016-07-01	王五	完成
4	回归测试	2016-07-05	王五	完成
5	用户测试	2016-07-06	陈一	完成

6.5.5　缺陷统计

测试结果统计如下：

Bug 修复率：第一、二、三级问题报告单的状态为 Close 和 Rejected 状态。

Bug 密度分布统计：项目共发现 Bug 总数 10 个，其中有效 Bug 数目为 10 个，Rejected 和重复提交的 Bug 数目为 0 个。

按问题类型分类的 Bug 分布，见表 6.15。

表 6.15　按问题类型分类的 Bug 分布

问题类型	问题个数/个
代码问题	4
数据库问题	0
易用性问题	0
安全性问题	0
健壮性问题	1
功能性错误	2
测试问题	0
测试环境问题	1
界面问题	1
特殊情况	0
交互问题	0
规范问题	1

注:包括状态为 Rejected 和 Pending 的 Bug。

按级别的 Bug 分布,见表 6.16。

表 6.16　按级别的 Bug 分布

严重程度	1 级	2 级	3 级	4 级	5 级
问题个数/个	1	2	4	2	1

注:不包括 Cancel。

按模块及严重程度的 Bug 分布统计,见表 6.17。

表 6.17　按模块及严重程度的 Bug 分布

模　块	1-Urgent	2-VeryHigh	3-High	4-Medium	5-Low	合　计
地　图	1	0	3	2	0	6
控制器	0	1	1	0	0	2
模　型	0	1	0	0	1	2
合　计	1	2	4	2	1	10

注:不包括 Cancel。

6.6　项目关闭总结报告

6.6.1　项目基本情况(表 6.18)

表 6.18　项目基本情况

项目名称	喵之征途	项目类别	游戏
项目编号		采用技术	Cocos2D-X 引擎技术
开发环境	Visual Studio 2013	运行平台	Android
项目起止时间	2016-06-20—2016-07-07	项目地点	重大 DS×××实验室
项目经理	虞经理、严经理		
项目组成员	陈一、张三、李四、王五		
项目描述	《喵之征途》是一款横版杀怪游戏,游戏风格为魔幻风格,诡异的昆虫、狡黠的九尾狐和会释放技能的强大 Boss 魔豹,都会给用户带来耳目一新的游戏体验。游戏提供商店和装备强化功能,以增强战斗力。人物升级后自由分配属性点,能让用户朝着喜欢的方向成长,努力赚钱,升级,强化;然后在魔幻大陆上和强大的怪物抗争		

6.6.2　项目的完成情况

项目的完成情况基本符合预期。初期设计的用户管理、背包管理、商店管理、角色等级管理、强化装备、战斗模块 6 个模块完成了除用户管理之外的 5 个模块。除去空行、注释的总代码行数 5 821 外，注释行共 2 104 行，程序 Bug 都已调试修复，故代码缺陷率为 0。

6.6.3　任务及其工作量总结（表 6.19）

表 6.19　任务及其工作量总结

姓　名	职　责	负责模块	代码行数/注释行数/行	文档页数/页
陈一	UI 设计，组长	背包模块，强化模块	1 346/502	22
李四	文档人员	商店模块	1 023/455	45
张三	开发人员	角色模块，背包模块	1 350/481	20
王五	开发人员	战斗模块，音乐模块	2 102/666	20
合　计			5 821/2 104	107

6.6.4　项目进度（表 6.20）

表 6.20　项目进度

项目阶段	计　划		实　际		项目进度偏移/天
	开始日期	结束日期	开始日期	结束日期	
立项	2016-06-20	2016-06-21	2016-06-20	2016-06-22	1
计划	2016-06-22	2016-06-23	2016-06-22	2016-06-23	0
需求	2016-06-23	2016-06-25	2016-06-23	2016-06-25	0
设计	2016-06-25	2016-06-27	2016-06-25	2016-06-27	0
编码	2016-06-28	2016-07-04	2016-06-28	2016-07-04	0
测试	2016-07-05	2016-07-07	2016-07-05	2016-07-07	0

第 **7** 章
软件工程实训项目案例四:俄罗斯方块

7.1 项目立项报告

7.1.1 项目简介

《俄罗斯方块》是一款风靡全球的电视游戏机和掌上游戏机游戏,它由俄罗斯人阿列克谢·帕基特诺夫发明,故得此名。《俄罗斯方块》的基本规则是移动、旋转和摆放游戏自动输出的各种方块,使之排列成完整的一行或多行并且消除得分。它曾经造成的轰动与创造的经济价值可以说是游戏史上的一件大事,看似简单但变化无穷,令人上瘾。这款游戏上手极其简单,但是要熟练地掌握其中的操作与摆放技巧,难度却不低。作为家喻户晓、老少皆宜的大众游戏,其普及程度可以说是史上任何一款游戏都无法相比的。

7.1.2　项目目标

开发一个基于 WPF（Windows Presentation Foundation）客户端的俄罗斯方块，实现基本的俄罗斯方块的功能，提供用户注册、闯关模式、难度调节等功能；该游戏可分为单人模式和游戏大厅的多人模式。额外功能：一是消除相同颜色的方块；二是把方块变成多边形。

7.1.3　工作量估计（表 7.1）

表 7.1　工作量估计

模　　块	子 模 块	工作量估计/(人·天$^{-1}$)	说　　明
玩乐模块	玩乐模块	16	系统的功能，实现俄罗斯方块的变形和消除等功能
	难度调节	8	可通过方块下落的速度和方块的颜色来调节游戏的难度
网络模块		8	在游戏大厅的模式中连接网络
数据库模块		8	管理用户的信息，包括用户名、密码、积分、关卡
界面模块		12	游戏的用户界面和设计
总工作量/(人·天$^{-1}$)		56	

注：“人/天”，1 个人工作 8 h 的量就是 1 人/天。

7.1.4　开发团队组成和计划时间

项目计划:2016 年 06 月 23 日—2016 年 07 月 11 日(共计 20 天)。

项目经理:1 人;姓名:易经理。

项目成员:4 人。

7.1.5　风险评估和规避

(1)**技术风险**

①WPF 新技术的学习。

②界面和游戏具体的设计。

解决:学习 WPF 技术;学习和借鉴其他优秀的游戏设计。

(2)**其他风险**

①开发时间短。

②开发人员失去激情。

解决:加班,鼓励,自我调节。

7.2　软件项目计划

项目计划和燃尽图分别如图 7.1 和图 7.2 所示。

项目开始日期：2015-06-23　　　　　　　　　每日估计剩余

ID	俄罗斯方块	类型	执行者	2015/6/23	2015/6/24	2015/6/25	2015/6/26	2015/6/27	2015/6/28	2015/6/29	2015/6/30	2015/7/1	2015/7/2	2015/7/3	2015/7/4	2015/7/5	2015/7/6	2015/7/7	2015/7/8	2015/7/9	2015/7/10	2015/7/11	2015/7/12
1.1	俄罗斯方块			64	60	58	54	51	48	43	43	40	37	34	31	26	19	16	11	6	0	0	0
1.1-01	项目立项	部门	ALL	4	0	0	0	0	0	0	0	0	0	0	0	0	0	0	0	0	0	0	0
1.1-02	需求设计	部门	ALL	11	11	9	5	2	2	2	2	2	1	0	0	0	0	0	0	0	0	0	0
1.1-03	系统设计	开发	ALL	10	10	10	10	10	7	4	4	2	2	2	2	2	2	2	2	2	0	0	0
1.1-04	界面设计实现	页面	ALL	7	7	7	7	7	7	5	5	4	4	3	2	2	0	0	0	0	0	0	0
1.1-05	系统功能实现	开发	ALL	24	24	24	24	24	24	24	24	24	22	21	19	14	9	6	4	4	0	0	0
1.1-06	项目测试	测试	ALL	4	4	4	4	4	4	4	4	4	4	4	4	4	4	2	0	0	0	0	0
1.1-07	测试和修复	开发	ALL	4	4	4	4	4	4	4	4	4	4	4	4	4	4	3	0	0	0	0	0
2.1	项目立项			4	0	0	0	0	0	0	0	0	0	0	0	0	0	0	0	0			
2.1-01	项目分析	部门	ALL	2	0	0	0	0	0	0	0	0	0	0	0	0	0	0	0	0			
2.1-02	人员分工	部门	ALL	2	0	0	0	0	0	0	0	0	0	0	0	0	0	0	0	0			
3.1	需求设计			11	11	9	5	2	2	2	2	2	1	0	0	0	0	0	0	0	0		
3.1-01	需求获取	部门	ALL	2	2	2	0	0	0	0	0	0	0	0	0	0	0	0	0	0			
3.1-02	需求分析	部门	ALL	3	3	3	2	0	0	0	0	0	0	0	0	0	0	0	0	0			
3.1-03	编写项目需求说明书	部门	张三	3	3	3	2	0	0	0	0	0	0	0	0	0	0	0	0	0			
3.1-04	编写游戏策划文档	部门	李四	3	3	3	2	2	2	2	2	2	1	0	0	0	0	0	0	0			
4.1	系统设计			10	10	10	10	10	7	4	4	2	2	2	2	2	2	2	2	0	0		
4.1-01	概要设计	开发	王五	4	4	4	4	4	2	1	1	0	0	0	0	0	0	0	0	0			
4.1-02	详细设计	开发	赵六	6	6	6	6	6	5	3	3	2	2	2	2	2	2	2	2				
5.1	界面设计			7	7	7	7	7	7	5	5	4	4	3	2	2	0	0	0	0	0		
5.1-01	资源收集	页面	赵六	2	2	2	2	2	2	1	1	1	1	1	1	1	0	0	0	0			
5.1-02	设计界面	页面	李四	5	5	5	5	5	5	4	4	3	3	2	1	1	0	0	0	0			
6.1	功能实现			24	24	24	24	24	24	24	24	24	22	21	19	14	9	6	4	4	0	0	0
6.1-01	玩乐模块	开发	王五	4	4	4	4	4	4	4	4	4	4	4	4	4	4	4					
6.1-02	关卡模块	开发	张三	5	5	5	5	5	5	5	5	5	5	4	3	2	1	0	0				
6.1-03	网络模块	开发	王五	5	5	5	5	5	5	5	5	5	5	5	4	3	1	0	0				
6.1-04	数据库模块	开发	赵六	10	10	10	10	10	10	10	10	10	8	7	6	3	0	0	0				
7.1	项目测试			4	4	4	4	4	4	4	4	4	4	4	4	4	4	2	0	0	0		
7.1-01	白盒测试	测试	ALL	2	2	2	2	2	2	2	2	2	2	2	2	2	2	1	0				
7.1-02	黑盒测试	测试	ALL	2	2	2	2	2	2	2	2	2	2	2	2	2	2	1	0				
8.1	测试和修复			4	4	4	4	4	4	4	4	4	4	4	4	4	4	3	0	0	0		
8.1-01	测试和修复	测试	ALL	4	4	4	4	4	4	4	4	4	4	4	4	4	4	3	0				
	全部计算剩余			64	60	58	54	51	48	43	43	40	37	34	31	26	19	16	11	6	0	0	0

工作日	15			1	1	1	1	0	1	1	1	1	1	1	1	1	1	1					
预计燃烧增量(每个工作日)	4.266667																						
预计燃烧轨道				64	60	55	51	51	47	43	38	34	30	26	26	21	17	13	9	4	0	0	0

图 7.1　项目计划图

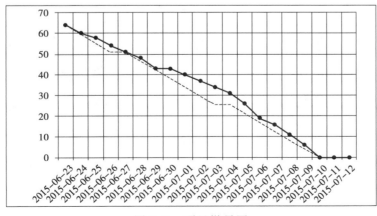

图 7.2　项目燃尽图

7.3　软件需求规格说明书

7.3.1　简介

（1）目的

《俄罗斯方块》是一个经典的小游戏，由于它简单有趣，因而得到了广泛应用，男女老幼都适合。而俄罗斯方块游戏的设计工作复杂且富有挑战性，它包含的内容多，涉及的知识广，与图形界面联系较大，包括界面的显示与更新、数据收集、音乐处理等，在设计过程中，必将运用到各方面的知识，这对 C#设计者而言，是个很好的锻炼机会。

（2）范围

《俄罗斯方块》经典有趣，男女老幼均可简单上手。它可运行在大多数主流的硬件环境中。

7.3.2　总体概述

（1）项目简介

该项目是利用 C#语言设计的一款俄罗斯方块游戏。《俄罗斯方块》虽然是家喻户晓的游戏，其操作也十分简单，但是从开发者的角度来看，本项目涉及图形处理以及算法实现等多方面的内容。对于 C#初学者而言，具有一定的难度。

（2）软件功能

游戏控制设置：主要是对游戏的开始、暂停、结束和退出进行操作。同时对用户分数进行保存。

游戏选项设置：包括 3 个部分，第一部分是单机模式，用户可在 1~6 关中按照自己的能力随意选择关卡来进行游戏。第二部分是联网模式，用户可寻找跟自己水平差不多的用户与自己对战。第三部分是主题的修改，用户可选择自己喜欢的主题来进行游戏。游戏功能结构如图 7.3 所示。

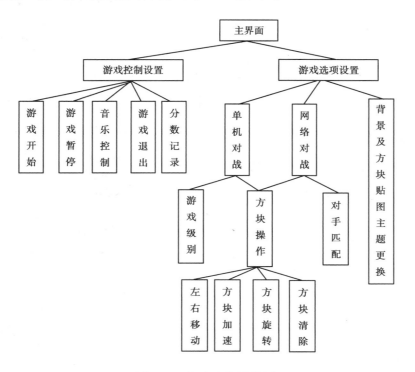

图 7.3   游戏功能结构图

（3）用户特征

开发人员需要具备较强的 C#及数据库的知识。用户老少皆宜，但孩子不应小于 3 岁，学龄前儿童应在父母的陪同下玩耍。

7.3.3   具体需求

（1）系统用例图

系统用例图，如图 7.4 所示。

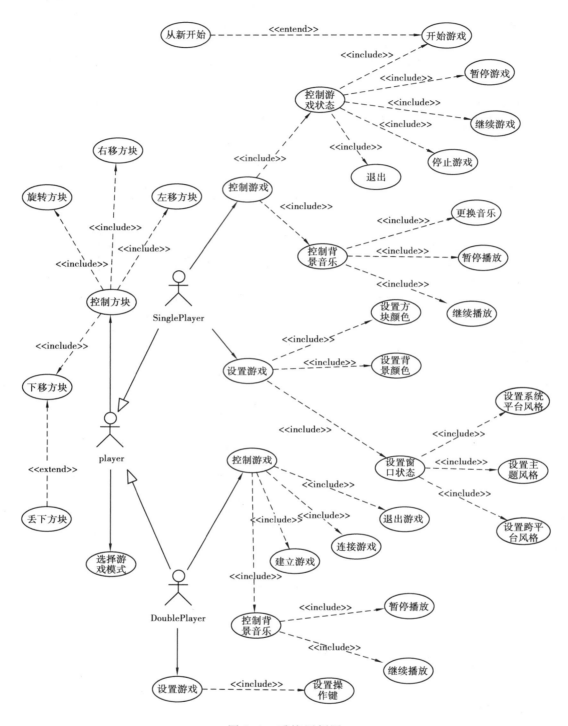

图 7.4　系统用例图

（2）**游戏控制设置功能模块**

1）功能模块简介

该界面由 4 个模块构成，分别是菜单条、菜单项、控制面板和游戏画布。其中菜单条包括游戏、控制、窗口风格、音乐控制、帮助 5 个菜单。控制面板包括预提示面板、当前信息提示面板、游戏控制按钮面板和背景音乐控制按钮面板。在单机版游戏中，玩家可根据自己的需要设置游戏级别。另外，为了满足玩家的听觉需求，还增加了自动播放背景音乐的功能、更换背景音乐的功能、暂停背景音乐的功能以及音效效果。为了满足玩家的心理需求，还添加了排行榜的功能，方便玩家及时记录游戏战绩。为了进一步方便玩家的实际操作，还为部分操作增加了快捷键的功能，用户无须点击按钮或菜单项即可达到游戏的目的。

2）功能模块用例

此处描述子功能中包含的功能，如图 7.5 所示。

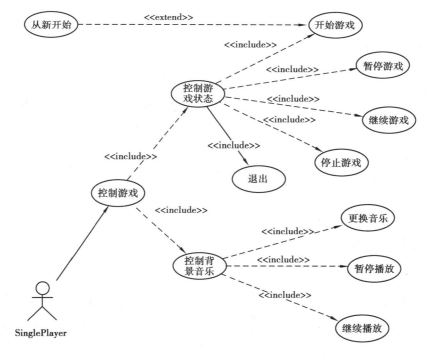

图 7.5　游戏控制设置功能模块用例图

3）控制游戏状态

● 介绍

控制游戏状态,主要包括开始游戏、暂停游戏、继续游戏、停止游戏和退出游戏。

- 输入

输入来源:鼠标键盘。

数量:4。

度量单位:bool。

时间要求:用户操作时。

- 处理

ToolStripMenuItem. Enabled = false;开始游戏。

ToolStripMenuItem1. Enabled = true;暂停游戏。

ToolStripMenuItem. Enabled = true;停止游戏。

StillRuning = false;退出游戏否则继续。

- 输出

开始游戏,暂停游戏,继续游戏,停止游戏,退出游戏。

4)控制背景音乐

- 介绍

控制背景音乐,用户可以自己选择音乐,还可以对音乐进行暂停和继续播放。

- 输入

输入来源:鼠标。

数量:2。

度量单位:bool string。

时间要求:用户操作时。

- 处理

将 openfileDialog 的 FileName 成员赋给多媒体控件的 URL(统一资源定位符)成员,即可实现播放。类似的为列表选项添加一个双击事件,给多媒体控件的 URL 成员赋值,即可播放选中的歌曲。

在同一个按钮事件中写入代码:

```
if( timer. Enable = = true){
    timer. Enable = false;//timer 在运行时点击该按钮则停止计时
```

```
    }
else{
    timer. Enable = true;//timer 停止时点击该按钮 timer 开始计时
}
```

● 输出

播放音乐，暂停音乐，继续播放音乐。

（3）双人对战功能模块

1）模块功能简介

为了增强玩家对本游戏的兴趣，还特别设计了双人对战版游戏。双人对战版具有单机版游戏的基本功能。除此之外，还能实时地显示对方玩家的游戏状态。这样可以根据对方的状态，及时改变自己的游戏策略。本功能改变了以往双人版只能在同一台机器上运行的模式。实现了网络双人对战，可以用一台机器作为服务器运行，另一台机器作为客户端运行，也可以在同一台机器上运行。

2）模块功能用例

模块功能用例，如图 7.6 所示。

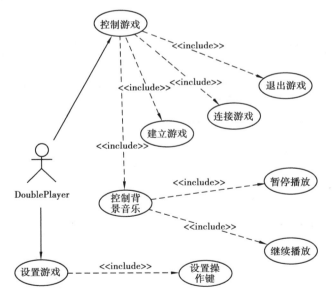

图 7.6　双人对战功能模块用例图

（4）**数据字典**

描述各个内容中涉及的数据字典，以表格形式反映，见表7.2。

表7.2 数据字典

名 字	别 名	描 述	定 义	位 置
BoxTable	方块编码表	唯一标识方块的编码	方块编码 = 方块号 + 形态号	游戏界面
GameForm	游戏界面	游戏的各种属性	GameForm = 窗体区域信息（位置、大小）+ 网格区域信息 + 分数区域信息 + 背景色 + 前景色 + 方块的边长	显示在屏幕上
Box	方块	描述方块的属性	方块 = 方块代码表 + 位置 + 方块号 + 形态号	游戏界面
Score	分数	记录游戏过程中所获得的分数	分数 = 0|数字|1000	游戏界面
Grid	网格	承接方块的网格	网格 = 位示图（储存网格的每个点的占用情况，每个点用1位表示。1为占用；0为空闲）	游戏界面
Network	网络	多人对战时，服务器和客户端的IP地址	Network = IP + 服务器/客户端	网络
GamePattern	游戏模式	游戏的模式	GamePattern = 游戏模式 + 难度设置	游戏界面

（5）**E-R 关系图**

E-R 关系图，如图7.7所示。

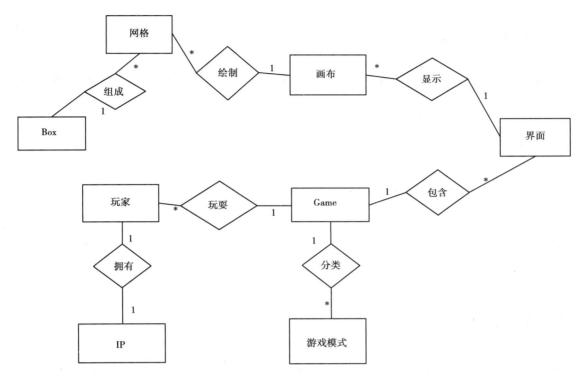

图 7.7　E-R 关系图

7.3.4　性能需求

(1)时间性能需求

开始和退出游戏延时不能超过 5 s,启动速度尽量快。方块移动尽量无延迟。

(2)系统开放性需求

要求系统不仅可以运行在 Windows 操作平台上,还可运行在大多数主流的硬件环境中,具有较强的可移植性。

(3)界面友好性需求

玩家可以很方便地进行操作,可以对方块的背景颜色进行自定义,支持声音,每当玩家拼成一行时产生声音。玩家可以自定义方块颜色搭配。

（4）系统可用性需求

应用程序异常退出及崩溃的概率≤5%，可在当前需求的基础上进行功能扩展。

（5）可管理性需求

要求系统易于维护升级，不用安装，操作简便。

7.3.5　接口需求

（1）用户接口

命令接口：为了便于用户直接或间接控制自己的作业，操作系统向用户提供了命令接口。命令接口是用户利用操作系统命令组织和控制作业的执行或管理计算机系统。命令是在命令输入界面上输入，由系统在后台执行，并将结果反映到前台界面或特定的文件内。命令接口可以进一步分为联机用户接口和脱机用户接口。

图形接口：图形用户接口采用图形化的操作界面，用容易识别的各种图标来将系统各项功能、各种应用程序和文件，直观、逼真地表示出来。用户可通过鼠标、菜单和对话框来完成对应程序和文件的操作。图形用户接口元素包括窗口、图标、菜单和对话框。其基本操作包括菜单操作、窗口操作和对话框操作等。

（2）软件接口

数据库管理系统、ODBC 或者 JDBC。

（3）硬件接口

硬件要求：Intel PentiumⅢ 800/AMD K7 以上处理器、128 M 以上内存。

系统平台：Windows 2000/Windows XP/Windows 2003/Windows 7。

运行环境：Windows 系列。

（4）通信接口

满足 TCP/IP 协议、LAN 协议。

7.3.6　总体设计约束

基础知识薄弱。短时间能将所有设计实现。

（1）标准符合性

因特网标准。

（2）硬件约束

17-3610，16 GB，GTX660m，Windows 7。

（3）技术限制

接口，数据库，并行操作，通信协议，设计约定，编程规范。

7.3.7　软件质量特性

（1）可靠性

适应性：保证该网站在原有的基础功能上进行扩充，在原来的系统中增加新的业务功能，可方便增加，而不影响原网站系统的架构。可适用于多个版本的浏览器。

容错性：在网络拥塞、系统崩溃、内存不足的情况下，不造成该网站的功能失效，可正常关闭及重启。

可恢复性：出现网络故障等问题，在网络恢复正常后，网站能正常运行。

（2）易用性

易用性具备良好的网站界面设计,使用户感到清晰易用。它能阻止用户输入非法数据或进行非法操作,对复杂的流程处理,应提供向导功能并注释,可随时给用户提供使用帮助。

7.3.8 需求分级(表7.3)

表7.3 需求分级

需求 ID	需求名称	需求分级
Function A_SF01	方块的出现	A
Function A_SF02	方块的旋转、下落、移动	A
Function A_SF03	底部方块的消除	A
Function A_SF04	背景音乐	C
Function A_SF05	主题风格	C
Function A_SF06	单人模式选择	B
Function A_SF07	双人模式PK	B

重要性分类如下:

A. 必需的:绝对基本的特性;如果不包含,项目就会被取消。

B. 重要的:不是基本的特性,但这些特性会影响项目的生存能力。

C. 最好有的:期望的特性;但省略一个或多个这样的特性不会影响项目的生存能力。

7.4 软件设计说明书

7.4.1 简介

（1）**目的**

本文需要对系统的设计和结构进行说明，为后期的开发工作提供参考和标准。

面向读者包括用户、项目管理人员、测试人员、设计人员、开发人员。

该软件设计文档主要提供一个基于WPF的俄罗斯方块的详细总体设计，该设计文档能帮助开发人员更好地理解软件的层次结构，对系统有一个更好的认识。

基于WPF的俄罗斯方块，能让开发人员把逻辑与界面分开，大大降低了软件的耦合度。

（2）**范围**

该游戏需求规格说明书文档是从用户需求层面对项目模块进行的描述，具体包括的内容如下：

①项目的概述。

②项目环境的描述。

③用户特征的描述。

④界面布局。

⑤软件功能要求。

⑥性能要求。

⑦接口要求。

该文档包含俄罗斯方块整体的详细设计,整个游戏使用 WPF 框架,用 C#语言开发。

- 软件名称

软件名称为俄罗斯方块(Tetris)。

- 软件功能

该游戏可以实现单人的 3 种模式:经典模式、死亡模式、变态模式。其中经典模式有 3 个等级:易、中、难,游戏玩家可以调节游戏的难度。死亡模式可以随着游戏玩家的不停闯关,一直增加方块下落速度,直到游戏玩家死亡,游戏结束。变态模式主要是在游戏中,方块能够不停地变化、增加,随意变化方块的下落速度,从而实现游戏的最大趣味性。该游戏还能让游戏玩家更换主题,随意播放和暂停背景音乐。多人模式中,支持局域网内的多人对战和协作。

- 软件应用

此款游戏老少皆宜,运行环境为 Windows 系统。

7.4.2　界面设计

(1)**开始界面**(图 7.8)

图 7.8　开始界面

（2）**游戏进行界面**（图 7.9）

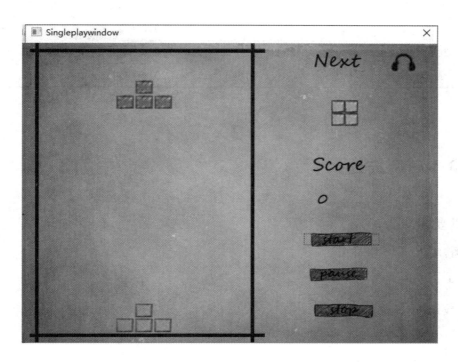

图 7.9　游戏进行界面

7.5　软件测试报告

7.5.1　概述

系统测试报告说明了软件测试的执行情况和软件质量，并分析缺陷原因。

7.5.2　测试时间、地点及人员

测试时间、地点及人员报告，见表 7.4。

表 7.4　测试报告表

测试模块	天数/天	开始时间	结束时间	人员/人
单机测试	3	2016-07-05	2016-07-07	2
联网测试	3	2016-07-05	2016-07-07	2
AI 测试	3	2016-07-05	2016-07-07	2

7.5.3　环境描述

台式机要求如下：

CPU：酷睿 I5。

RAM：4 GB。

系统：Windows 7。

7.5.4　测试概要

（1）对测试计划的评价

执行进度安排：分为两轮。第一轮是自己设置测试用例，总共有 27 个用例；第二轮是相互的交叉测试，而且第二轮也有两次交叉测试。

执行情况：准确按照 PM 制订的计划执行，已完成。

（2）测试进度控制

测试人员的测试效率：良好。

开发人员的修改效率：良好。

在原定测试计划的时间内顺利完成功能符合型测试和部分系统测试，对软件实现的功能进行全面系统的测试，并对软件的安全性、易用性、健壮性各个方面进行选择性测试，以达到测试计划的测试类型要求。测试的具体实施情况见表7.5。

表 7.5　测试的具体实施情况

编　号	任务描述	时　间	负责人	任务状态
1	需求获取和测试计划	2016-06-25	王五	完成
2	案例设计、评审、修改	2016-06-26	王五	完成
3	功能点_业务流程_并发性测试	2016-07-01	王五	完成
4	回归测试	2016-07-05	王五	完成
5	用户测试	2016-07-06	夏一	完成

7.5.5　缺陷统计

Bug 修复率：第一、二、三级问题报告单的状态为 Close 和 Rejected 状态。

Bug 密度分布统计：项目共发现 Bug 总数为 9 个，其中有效 Bug 数目为 9 个，Rejected 和重复提交的 Bug 数目为 0 个。

按问题类型分类的 Bug 分布，见表 7.6。

表 7.6　问题类型分布

问题类型	问题个数/个
代码问题	3
数据库问题	0
易用性问题	0
安全性问题	0
健壮性问题	1
功能性错误	1
测试问题	0
测试环境问题	1
界面问题	1
特殊情况	0
交互问题	1
规范问题	1

注：包括状态为 Rejected 和 Pending 的 Bug。

按模块及严重程度的 Bug 分布统计,见表 7.7。

表 7.7　按模块及严重程度的 Bug 分布

模　块	1-Urgent	2-VeryHigh	3-High	4-Medium	5-Low	合　计
单机测试	0	0	1	2	1	4
联网测试	0	2	1	0	0	3
AI 测试	1	0	0	0	1	2
合　计	1	2	2	2	2	9

注:不包括 Cancel。

7.6　项目关闭总结报告

7.6.1　项目基本情况(表 7.8)

表 7.8　项目基本情况

项目名称	俄罗斯方块	项目类别	C#
项目编号	无	采用技术	C#
开发环境	Visual Studio 2013	运行平台	Windows
项目起止时间	2016-06-20—2016-07-07	项目地点	
项目经理	易经理		
项目组成员	夏一、张三、李四、王五		
项目描述	《俄罗斯方块》是一款风靡全球的电视游戏机和掌上游戏机游戏,它由俄罗斯人阿列克谢·帕基特诺夫发明,故得此名。《俄罗斯方块》的基本规则是移动、旋转和摆放游戏自动输出的各种方块,使之排列成完整的一行或多行并且消除得分。它曾经造成的轰动与创造的经济价值可以说是游戏史上的一件大事,看似简单但变化无穷,令人上瘾。《俄罗斯方块》上手极其简单,但是要熟练地掌握其中的操作与摆放技巧,难度却不低。作为家喻户晓、老少皆宜的大众游戏,其普及程度可以说是史上任何一款游戏都无法相比的		

7.6.2 项目的完成情况

项目的完成情况基本符合预期。初期设计的游戏控制设置以及游戏选项设置(包括单机对战、联网对战、主题更换)全部完成。除去空行、注释的总代码行数 2 100 外,注释行共 350 行,程序 Bug 都已调试修复,故代码缺陷率为 0。

7.6.3 任务及其工作量总结(表 7.9)

表 7.9 任务及其工作量总结

姓 名	职 责	负责模块	代码行数/注释行数/行	文档页数/页
夏一	文档、UI	文档、UI	200/50	80
张三	算法	算法	1 500/200	0
李四	局域网	局域网	400/100	0
王五	美工	美工	无	30
合 计			2 100/350	110

7.6.4 项目进度(表 7.10)

表 7.10 项目进度

项目阶段	计 划		实 际		项目进度偏移/天
	开始日期	结束日期	开始日期	结束日期	
立项	06-23	06-24	06-23	06-23	0
计划	06-23	06-24	06-23	06-24	0
需求	06-24	06-25	06-24	06-25	0
设计	06-25	06-25	06-25	06-25	0
编码	06-25	07-04	06-25	07-05	1
测试	07-04	07-09	07-04	07-09	0

参 考 文 献

[1] Bjarne Stroustrup. The C ＋＋ Programming Language[M]. 4 版. New Jersey：Addison-Wesley Publishing Company，2013.

[2] DEITEI H M，DEITEI P J. C ＋＋ 程序设计教程[M]. 薛万鹏，等，译. 北京：机械工业出版社，2000.

[3] LIPPMAN S B，LAJOIE J. C ＋＋ Primer 中文版[M]. 3 版. 潘爱民，张丽，译. 北京：中国电力出版社，2002.

[4] Decoder. C/C ＋＋ 程序设计[M]. 北京：中国铁道出版社，2002.

[5] Brian Overland. C ＋＋ 语言命令详解[M]. 2 版. 董梁，等，译. 北京：电子工业出版社，2000.

[6] Leen Ammeraal. C ＋＋ 程序设计教程[M]. 3 版. 刘瑞挺，等，译. 北京：中国铁道出版社，2003.

[7] 余志龙，陈昱勋，郑名杰. Google Android SDK 开发范例大全[M]. 北京：人民邮电出版社，2009.

［8］孙卫琴.Java 面向对象编程［M］.北京：电子工业出版社,2006.

［9］王少锋.面向对象技术 UML 教程［M］.北京：清华大学出版社,2012.

［10］李刚.疯狂 Android 讲义［M］.北京：电子工业出版社,2011.